普通高等学校计算机科学与技术应用型规划教材

C++程序设计上机指导与习题解答

主　编　郜兰洁　徐海云
副主编　马　睿

北京邮电大学出版社
www.buptpress.com

内容简介

程序设计是一门实践性很强的课程，任何一门程序设计课程，不上机实践是不可能学好的。本教材是邵兰洁主编的《C＋＋程序设计》(北京邮电大学出版社出版)的配套教材。共分4部分，第1部分是上机指导，设计了10个实验，实验1介绍C＋＋编程环境，给出了基于Visual C＋＋ 6.0的编程和程序运行方法，以帮助读者迅速掌握编程环境。除实验1外，其余9个实验都是每一个实验对应教材的一章，针对每一章的知识点，精心设计每个实验的内容。通过实验，不仅可以使读者进一步巩固所学知识，更重要的是让读者通过实验编程逐步掌握C＋＋编程技巧。第2部分是教材习题答案，给出了主教材的习题参考答案。第3部分是补充习题，该部分是对原教材的有益补充和丰富，侧重对C＋＋基本知识点的练习。第4部分是自测题，提供了2套自测题，给出了参考答案，可供读者自测。

本书既可作为高等院校计算机及相关专业本科生学习C＋＋面向对象程序设计的实践环节教材，也可作为广大C＋＋编程爱好者的编程训练指导参考书。

图书在版编目(CIP)数据

C＋＋程序设计上机指导与习题解答/邵兰洁，徐海云主编．--北京：北京邮电大学出版社，2011.12
ISBN 978-7-5635-2832-5

Ⅰ．C…　Ⅱ．①邵…②徐…　Ⅲ．①C语言—程序设计—高等学校—教学参考资料　Ⅳ．①TP312

中国版本图书馆CIP数据核字(2011)第233657号

书　　名：C＋＋程序设计上机指导与习题解答
主　　编：邵兰洁　徐海云
责任编辑：王丹丹　田雨佳
出版发行：北京邮电大学出版社
社　　址：北京市海淀区西土城路10号(邮编：100876)
发 行 部：电话：010-62282185　传真：010-62283578
E-mail：publish@bupt.edu.cn
经　　销：各地新华书店
印　　刷：北京联兴华印刷厂
开　　本：787 mm×1 092 mm　1/16
印　　张：15.5
字　　数：365千字
印　　数：1—3 000册
版　　次：2011年12月第1版　2011年12月第1次印刷

ISBN 978-7-5635-2832-5　　　　定　价：30.00元

·如有印装质量问题，请与北京邮电大学出版社发行部联系·

前　言

C++程序设计是一门实践性很强的课程，要想把自己所学的知识变成一种编程能力，上机实践是必不可少的。作者在教学过程中发现"眼高手低"现象在学生中普遍存在，学生在上课或看书时，对老师所讲的内容或教材所阐述的内容都能够理解，但到自己编程时却感觉无从下手。为此，特编写此实验教材，希望能让读者在巩固所学C++知识的同时，提高C++编程能力。

本实验教材具有如下特点：

(1) 内容丰富，选题典型，实用性强，力求在让读者巩固C++知识点的同时，提高其用C++解决实际问题的能力。

(2) 重视读者实际编程能力的培养。书中对编程题的解答，不仅给出程序参考代码，更进一步对代码进行了解析。

(3) 强调程序的可读性和标准化。书中程序全部遵循良好的程序设计风格，类名、函数名和变量名的定义做到"见名知义"，并采用缩排格式组织程序代码和尽可能多的注释。所有程序均按照C++标准编写，力求培养读者从一开始就写标准C++程序的习惯。

本实验教材作为邵兰洁主编的《C++程序设计》的配套教材，共分4部分，第1部分是上机指导，设计了10个实验，实验1介绍Visual C++ 6.0上机操作，以帮助读者迅速掌握C++编程环境。除第1个实验外，其余9个实验都是每一个实验对应教材的一章，针对每一章的知识点，精心设计每个实验的内容。通过实验，不仅可以使读者进一步巩固所学知识，更重要的是让读者通过实验编程逐步掌握C++编程技巧。第2部分是教材习题答案，给出了主教材的习题参考答案。第3部分是补充习题，该部分是对原教材的有益补充和丰富，侧重对C++基本知识点的练习。第4部分是自测题，提供了2套自测题，给出了参考答案，可供读者自测。

本教材第1部分的上机指导和第4部分的自测题由邵兰洁编写，第2部分的教材习题答案由徐海云编写，第3部分的补充习题由马睿编写，附录部分由李寰老师编写。全书由徐海云统稿，邵兰洁审稿。

本教材中给出的程序参考代码不一定是最优的，它们仅仅代表了编者的思路和想法。欢迎读者提出自己的见解，编写出更高质量的程序。也欢迎读者对本教材的内容提出批评和修改建议，编者将不胜感激。编者的邮箱：shaolanjie@126.com。

编　者

目　　录

第1部分 上机指导

实验1 Visual C++ 6.0 上机操作

一、实验目的

1. 熟悉 Visual C++ 6.0 集成开发环境。

2. 掌握在 Visual C++ 6.0 集成开发环境下编辑、编译、连接和运行一个 C++程序的步骤。

3. 通过运行简单的 C++程序，初步了解 C++源程序的结构和特点。

二、实验内容

1. 启动 Visual C++ 6.0 集成开发环境

Visual C++ 6.0 是微软公司 1998 年推出的 Visual Studio 系列产品之一，它提供了强大的编译能力以及良好的界面操作性，能够对 Windows 下的 C++程序设计提供完善的编程环境。同时它对网络、数据库等方面的编程也提供相应的环境支持。

使用 Visual C++ 6.0 编制并运行程序也是编辑（把程序代码输入）、编译（成目标程序文件）、连接（成可执行程序文件）、运行（可执行程序文件）四个步骤，其中第一步的编辑工作最繁杂而又必须细致地由人工在计算机上来完成，其余几个步骤则相对简单，基本上由系统自动完成。

首先确认用户所使用的计算机是否已经安装 Visual C++6.0，若已经安装，则执行"开始"→"程序"→"Microsoft Visual Studio" →"Visual C++6.0"命令即可启动 Visual C++ 6.0，否则，则应先安装 Visual C++ 6.0。Visual C++ 6.0 启动后，呈现在用户面前的是它的集成开发环境窗口，其具体窗口式样如图 1-1-1 所示。

图 1-1-1 中所示 Visual C++ 6.0 集成开发环境从大体上可分为 4 部分：上边是菜单和工具条；左边是工作区显示窗口，这里将显示处理过程中与项目相关的各种文件种类等信息；右边是视图区，这里是显示和编辑程序文件的操作区；下边是输出窗口区，程序调试过程中，进行编译、连接、运行时输出的相关信息将在此处显示。

2. 创建工程

使用 Visual C++ 6.0 编制并处理 C++程序时要创建工程，因此必须先要了解 Visual C++ 6.0 的工程（有的资料也翻译成项目）的概念，而工程又与工程工作区相关联。实际上，Visual C++ 6.0 是通过工程工作区来组织工程及其各相关元素的，就好像是一个工作间，以后程序所牵扯到的所有的文件、资源等元素都将放入到这一工作间中，从而使得各个工程之间互不干扰，使编程工作更有条理。这种思想反映到现实上就是一个工作区对应于一个独立的文件夹。简单的情况下，一个工作区中用来存放一个工程，代表着某一个要进行处理的程序。如果需要，一个工作区中也可以用来存放多个工程，其中可以包含该工程的子工程或者与其有依赖关系的其他工程。

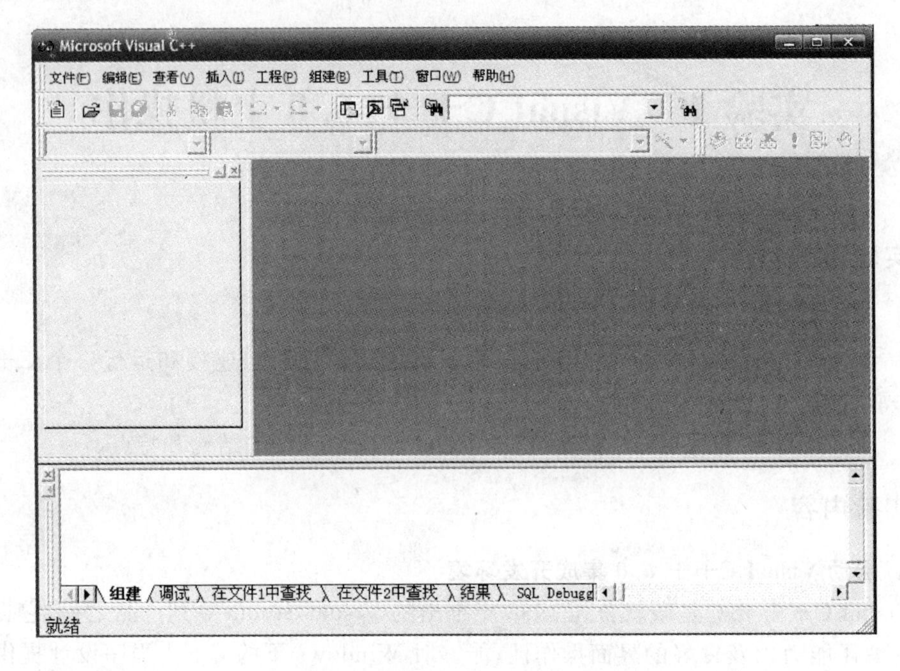

图 1-1-1 Visual C++ 6.0 简体中文企业版集成开发环境

创建工程工作区之后，系统将创建出一个相应的工作区文件，后缀为“.dsw”，用来存放与该工作区相关的信息；另外还将创建出的其他几个相关文件：工程文件（后缀是“.dsp”）以及选择信息文件（后缀是“.opt”）等。

Visual C++ 6.0 已经预先为用户准备好了近 20 种不同的工程类型以供选择，选定不同的类型意味着让 Visual C++ 6.0 系统帮着提前做某些不同的准备以及初始化工作（例如，事先为用户自动生成一个所谓的底层程序框架，并进行某些隐含设置，如隐含位置、预定义常量、输出结果类型等）。

工程类型中有一个名为“Win32 Console Application”的类型，称之为控制台应用，它是我们首先要掌握的、用来编制运行 C++程序的最简单的一种工程类型。此种类型的程序运行时，将出现一个类似于 DOS 的窗口，这个类似于 DOS 的窗口就是控制台，通过它提供对字符模式的各种处理与支持。实际上，用此种类型的工程开发的应用程序是具有字符界面的应用程序。此种类型的工程小巧而简单，并且足以解决并支持本课程中涉及的面向对象编程内容与技术，使我们把重点放在面向对象思想的理解及程序的设计，而并非界面处理等方面。至于 Visual C++ 6.0 支持的其他工程类型，我们在今后的学习和工作中遇到后再逐渐了解、掌握与使用。

创建工程的步骤：首先，选择“文件”→“新建”命令，会弹出一个“新建”对话框，在此对话框中，单击“工程”选项卡，此时对话框的内容如图 1-1-2 所示。从左侧选项中选择“Win32 Console Application”项，在右侧“位置”文本框中填入存放与工程工作区相关的文件及其相关信息的文件夹的路径，当然也可通过单击其右边的“…”按钮去选择并指定这一文件夹即子目录位置。在“工程名称”文本框中填入工程名。注意，此时 Visual

C++ 6.0会自动在其下的“位置”文本框中用该工程名建立一个同名的子目录，随后的工程文件以及其他相关文件都将存放在这个目录下。然后，单击“确定”按钮进入下一个对话框，如图 1-1-3 所示。

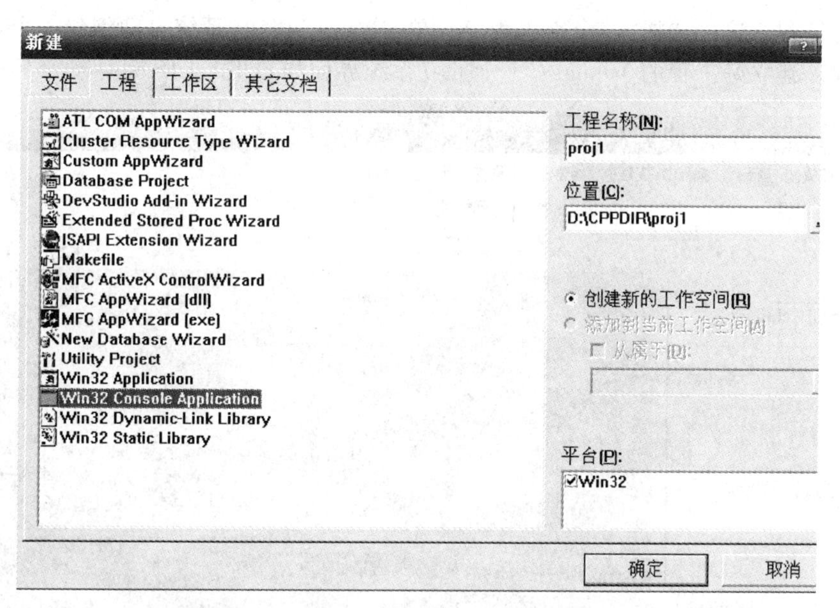

图 1-1-2 Visual C++ 6.0 新建工程对话框

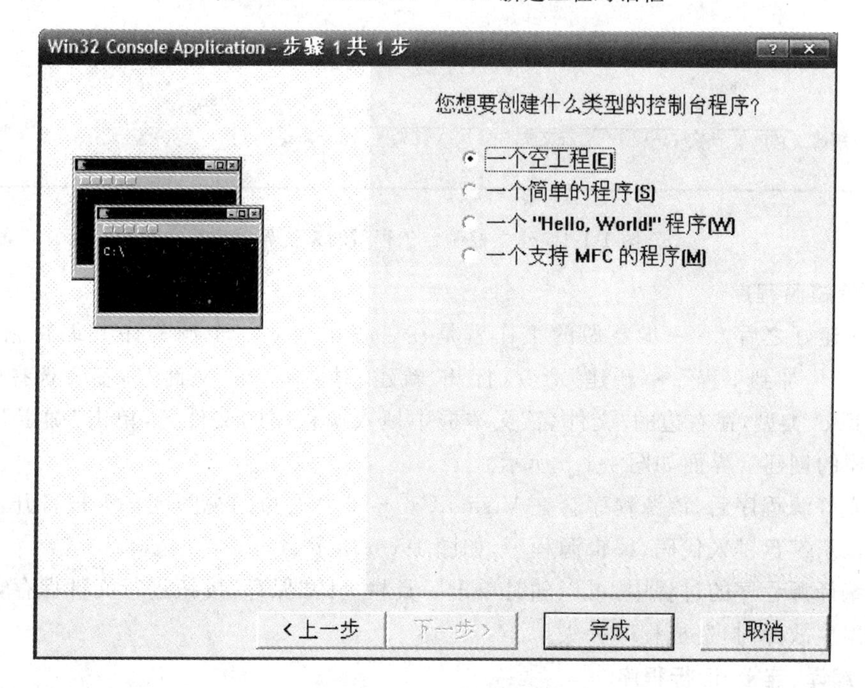

图 1-1-3 新建控制台工程类型选择对话框

从图 1-1-3 中可以看到有 4 种类型的控制台工程可供选择：若选择“一个空工程”项将生成一个空的工程，工程内不包含任何东西；若选择“一个简单的程序”项将生成包含一个空的 main 函数和一个空的头文件的工程;若选"一个"Hello World!"程序"项将生成包含一个有显示出"Hello World!"字符串的输出语句的 main 函数和一个空的头文件的工程;若选择"一个支持 MFC 的程序"项的话,可以利用 Visual C++ 6.0 所提供的基础类库来进行编程。这里选择"一个空工程"项,单击"完成"按钮,系统自动创建一个基于控制台的工程。建立好工程的 Visual C++ 6.0 系统界面如图 1-1-4 所示。

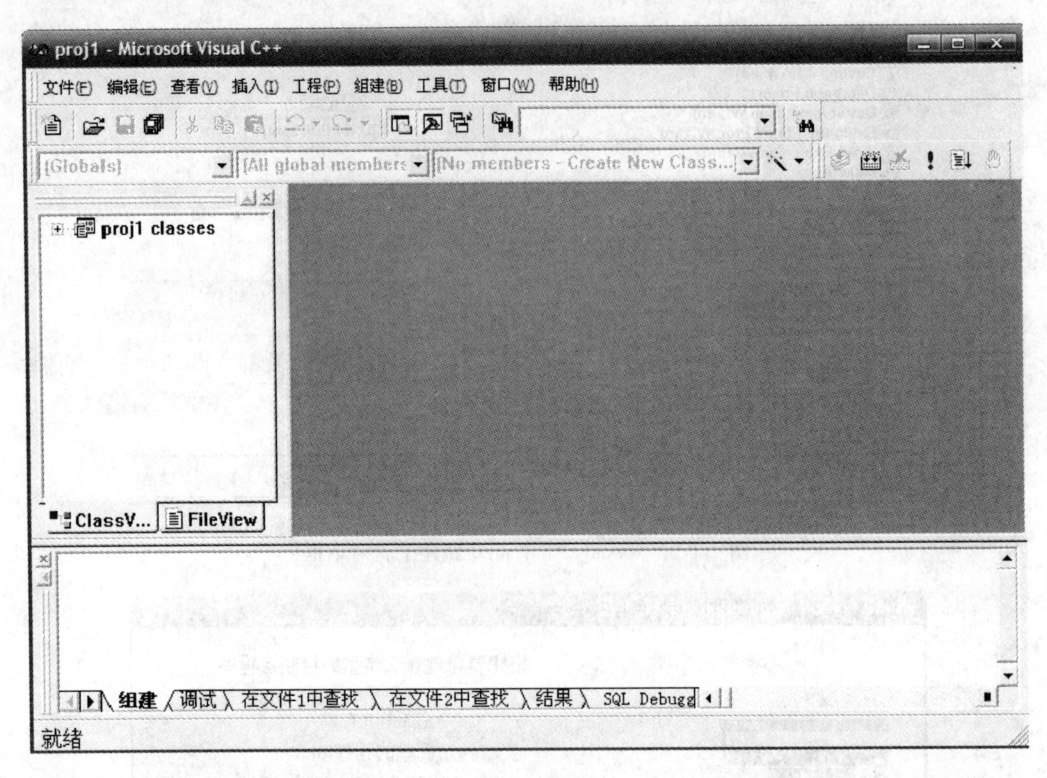

图 1-1-4 建立控制台工程后的系统界面

3. 编辑源程序

工程建好之后,下一步要做的工作就是在工程中建立一个源程序并编辑它。选择"工程"→"增加到工程"→"新建"命令,打开"新建"对话框,在"文件"标签下选择"C++ Source File"类型,在右边的"文件名"文本框中填入源程序的文件名,单击"确定"按钮完成源程序的创建。界面如图 1-1-5 所示。

建立好源程序后,该源程序会在 Visual C++ 6.0 右边的视图区自动被打开,在这里我们可以从键盘键入代码,编辑源程序,如图 1-1-6 所示。

在编译源程序的过程中,可以随时单击工具栏上的"保存"按钮进行文件保存,以免在计算机发生故障时,造成程序丢失。

4. 编译、连接、运行程序

源程序编辑完成后,首先执行"组建"菜单中的"编译"项,对源程序进行编译。如果以前用户没有进行过文件保存操作,此时,编译系统会自动进行文件保存。若编译中发现错误或警告,将在"输出"窗口中显示出它们具体的出错或警告信息以及所在的行,可以通过这些信息的提示来修改程序中的错误或警告。

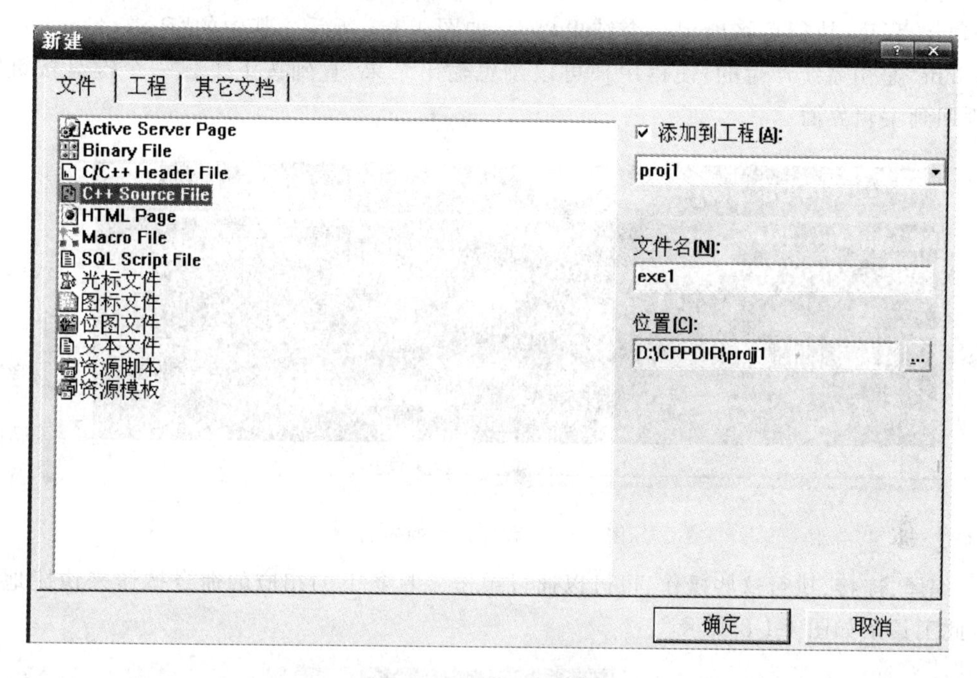

图 1-1-5 新建源程序的对话框界面

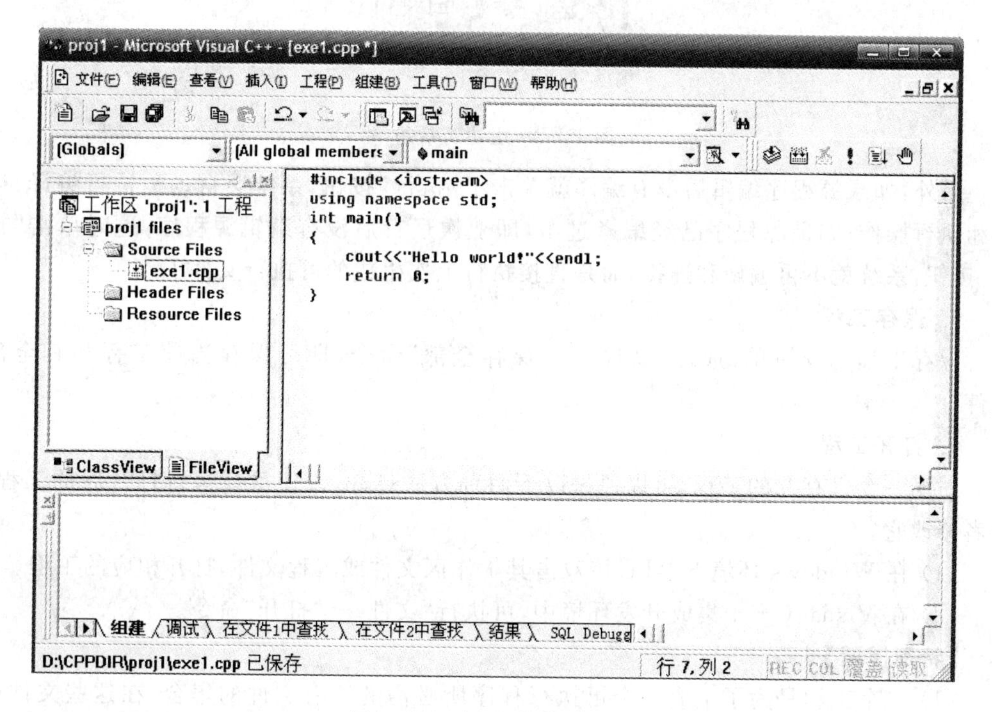

图 1-1-6 编辑源程序的界面

编译通过后，可以执行“组建”菜单中的“组建”项来进行连接生成可执行程序。在连接中出现的错误也将显示到“输出”窗口中。

最后就可以运行程序了,执行“组建”菜单中的“执行”项,Visual C++ 6.0 将运行已经编好的程序,执行后将出现一个结果界面,如图 1-1-7 所示。其中的“Press any key to continue”是由系统产生的,使得用户可以浏览输出结果,直到按下了任一个键盘按键时再返回到编辑界面。

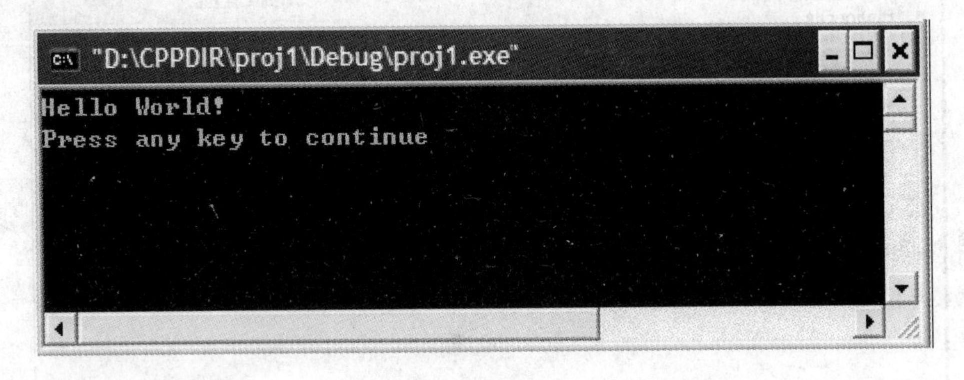

图 1-1-7 程序运行的界面

编译、连接、执行这些操作,也可以通过单击工具条上的相应的命令按钮来快捷地完成,此工具条如图 1-1-8 所示。

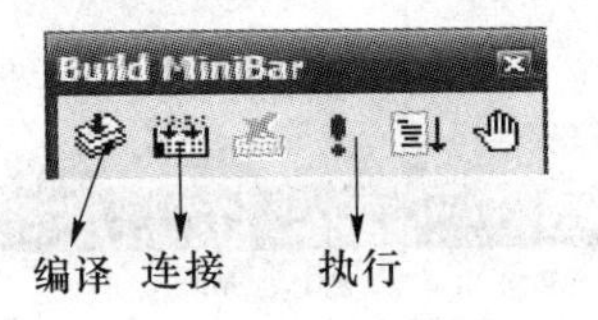

图 1-1-8 组建工具条

另外,如果源程序编辑后没有编译就单击了“执行”按钮,系统会自动地进行编译、连接和执行操作;如果源程序已经编译过了,即上次运行后没有编辑源程序,这时单击“执行”按钮,系统就不再编译和连接,而是直接执行上次生成的可执行文件了。

5. 保存工程

保存工程比较简单,选择“文件”→“保存全部”命令,即可保存当前工程和其全部文件。

6. 打开工程

对于一个已存在的工程,可以通过以下两种方法打开,以便重新运行打开后的工程,或者修改它。

(1) 在 Windows 环境下,可直接双击其工作区文件或工程文件,打开相应的工程。

(2) 在 Visual C++集成开发环境中,可执行“文件”→“打开”命令。

【特别提醒】

(1) 一个工程是为了生成一个可执行程序所必需的所有文件的集合,在这些文件中只能包含一个 main()函数。故完成一个作业后,必须按照前面介绍的创建工程的方法再创建一个新工程继续完成其他作业。

(2) 在 Visual C++ 6.0 中,也可以直接创建一个 C++源程序文件,该文件不包含在任何一个工程中。方法为：执行"文件"→"新建"命令，打开"新建"对话框，在"文件"标签下选择"C++ Source File"类型，在右边的"文件名"文本框中填入源程序的文件名，单击"确定"按钮完成源程序的创建。界面如图 1-1-9 所示。

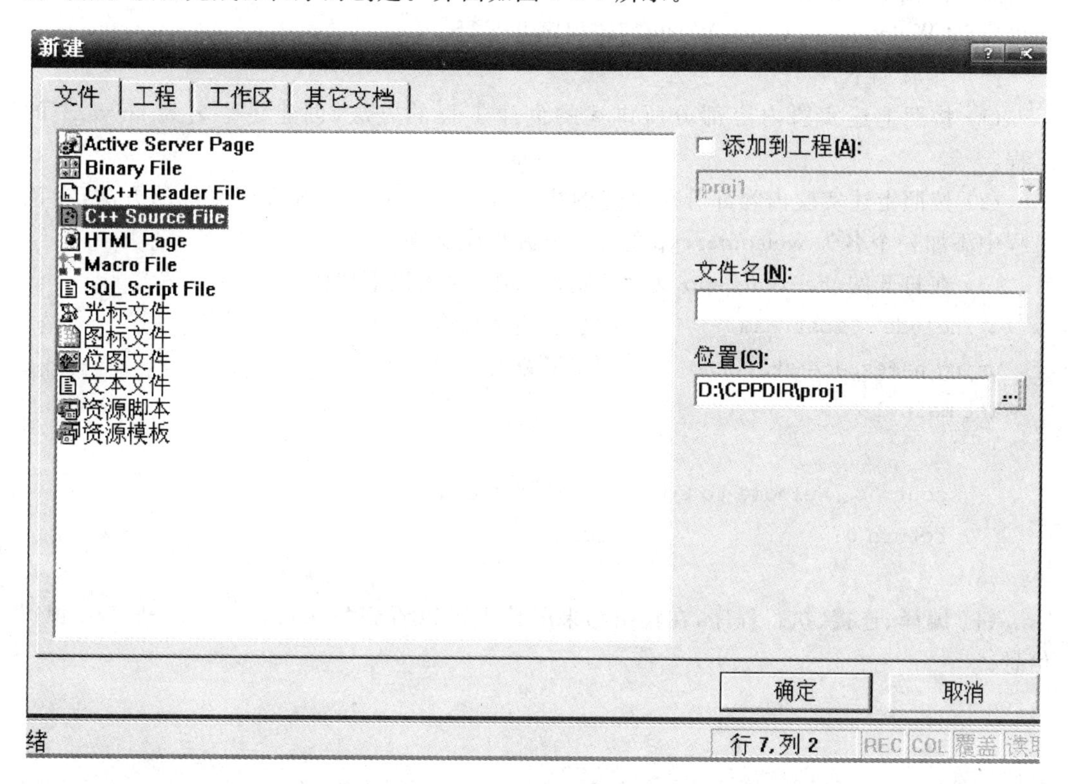

图 1-1-9 新建文件对话框

如果编写的C++程序代码都放在一个文件，可以直接按此方法创建一个独立的C++源程序文件。不过在对程序进行编译时，编译系统会弹出如图 1-1-10 所示的信息提示。

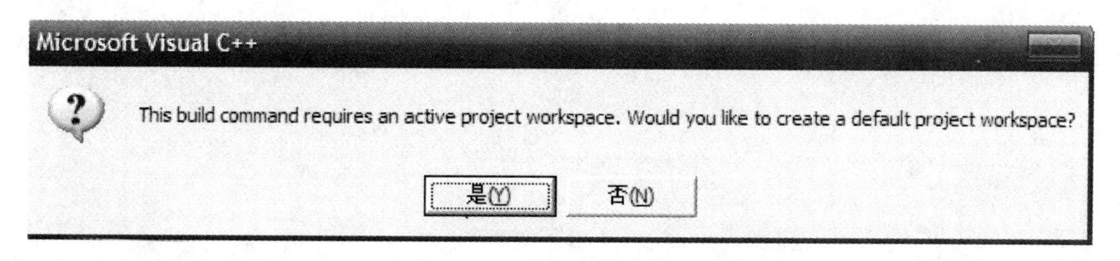

图 1-1-10 信息提示

单击"是"按钮，编译系统为该程序创建一个以此文件名命名的默认工作区，并对该程序进行编译。

注意：在使用此方法编译第 2 个新文件之前，应先执行"文件"→"关闭工作空间"命令将原有的工作区关闭，否则第 2 个新文件将无法编译。

三、巩固练习

按照前面讲述的使用 Visual C＋＋ 6.0 编制并运行程序的步骤，编写一个在屏幕上输出信息“Welcome to C++ World!”的程序并运行。

操作步骤如下：

(1) 按照上述实验内容部分所讲述的创建工程的方法，创建一个名为 shiyan1 的工程。

(2) 按照上述实验内容部分所讲述的往工程中添加 C＋＋源程序文件的方法，在该工程中添加一个名为 welcome.cpp 的 C＋＋源程序文件。

(3) 在打开的 welcome.cpp 文件编辑窗口中，输入以下代码：

```
#include <iostream>              //包含头文件命令
using namespace std;             //使用命名空间 std
int main()
{
    cout<<"Welcome to C++ World!"<<endl;
    return 0;
}
```

(4) 编译、连接、执行程序，在输出结果屏幕上可以看到“Welcome to C++ World!”信息。

实验2　C++对C的扩充

一、实验目的

1. 了解在面向过程程序设计中C++对C语言的扩充与增强，并善于在编写程序过程中应用这些新的功能。

2. 进一步熟悉在所用的Visual C++ 6.0集成开发环境下编辑、编译、连接和运行C++程序的方法。

3. 进一步熟悉C++程序的结构和编程方法。

二、实验内容

1. 请先阅读下面的2个程序，写出程序运行的结果，然后再上机运行程序，验证自己分析的结果是否正确。

程序1

```
#include <iostream>                          //包含头文件命令
using namespace std;                         //使用名字空间 std
int main()
{
     cout<<"This "<<"is ";
     cout<<"a "<<"C++ ";
     cout<<"program."<<endl;
     return 0;
}
```

程序2

```
#include <iostream>                          //包含头文件命令
using namespace std;                         //使用名字空间 std
int main()
{    int a, b, c;                            //定义三个变量 a、b、c
     cout<<"Please input to a and b:"<<endl;  //输出提示信息到屏幕
     cin>>a>>b;                              //等待用户从键盘输入数据
     c = a + b;
     cout<<"a + b = ";
     cout<<c;
     cout<<endl;
```

```
    return 0;
}
```

2. 输入程序3,进行编译,观察编译结果。如果有错误,请修改程序,再进行编译,直到没有错误,然后进行连接和运行,并分析运行结果。

程序3

```
#include <iostream>                          //包含头文件命令
using namespace std;                         //使用名字空间 std
int main()
{   int a, b;                                //定义两个变量 a 和 b
    cout<<"Please input to a and b:"<<endl;  //输出提示信息到屏幕
    cin>>a>>b;                               //等待用户从键盘输入数据
    cout<<"Max = "<<max(a,b)<<endl;          //输出结果信息至屏幕
    return 0;                                //主函数返回 0 至操作系统
}
int max(int x, int y) {  return (x> y)? x : y;  }  //求两个数中的大者的函数
```

3. 编写一个函数,用来求2个或3个正整数中的最大数,并在主函数中调用此函数。要求:

(1) 用函数重载实现。

(2) 用带默认参数的函数实现。

请分析本题中默认参数的值应该在什么范围选取?

4. 编写一个函数,用来实现对3个数按由小到大的顺序排序,并在主函数中调用此函数。要求函数的形参用以下两种形式实现:

(1) 使用指针形参。

(2) 使用引用形参。

5. 编写程序,用同一个函数实现 *n* 个数据的升序排序,数据类型可以是整型、单精度型、字符串型,要求用重载函数实现。

6. 编写程序,将两个字符串连接起来,结果取代第一个字符串。

三、实验步骤

1. 程序1和程序2的实验

程序1实验步骤

(1) 创建一个名为 shiyan2_11 的工程。

(2) 在该工程中创建一个 C++源程序文件(文件名自定),在该文件中输入题目中的源程序代码。

(3) 编译、连接、运行程序,结果如下:

```
This is a C++ program.
```

程序运行结果解析:在 C++程序中,除了可以使用 printf()函数进行数据输出外,还可以使用 cout 输出流对象和流插入运算符"<<"进行数据的输出操作,并且后者使用更

简单。“endl”是格式控制符，作用是在屏幕上输出一个换行符并刷新流。main()函数中的第一个 cout 语句在屏幕上输出“This is”并且不换行，第二个 cout 语句输出“a C++”也不换行，第 3 个 cout 语句输出“program.”并换行。该题目的重点测试知识点为 cout 与＜＜的使用，endl 控制符的作用。

程序 2 实验步骤

(1) 创建一个名为 shiyan2_12 的工程。

(2) 在该工程中创建一个 C++源程序文件（文件名自定），在该文件中输入题目中的源程序代码。

(3) 编译、连接、运行程序。

程序运行时，首先在屏幕上输出如下信息：

```
Please input to a and b:
```

此时，程序暂停运行，等待用户从键盘输入数据，若从键盘输入

1 2 ↙（“↙”表示回车，下同）

程序继续执行，在屏幕上输出如下信息：

```
a + b = 3
```

程序运行结果解析：在 C++程序中，除了可以使用 scanf()函数从键盘输入数据外，还可以使用 cin 输入流对象和流提取运算符“＞＞”从键盘输入数据，并且后者使用更简单。main()函数实现从键盘输出两个数，求和并输出结果。该题目的重点测试知识点为 cin 与＞＞的使用。

【特别提醒】

为了节省上机时间，在完成程序 2 的实验时，可以采用直接修改为程序 1 创建的 C++源程序中的代码的方法，修改为程序 2 的代码。然后编译、连接、运行程序，查看运行结果。不过，如果用户这样做的话，程序 1 的代码就丢掉了。

2. 程序 3 实验步骤

(1) 创建一个名为 shiyan2_2 的工程。

(2) 在该工程中创建一个 C++源程序文件（文件名自定），在该文件中输入题目中的源程序代码。

(3) 编译程序，此时“输出”窗口的内容如图 1-2-1 所示。

```
Output
--------------------Configuration: proj1 - Win32 Debug--------------------
Compiling...
exe1.cpp
D:\cppdir\proj1\exe1.cpp(7) : error C2065: 'max' : undeclared identifier
D:\cppdir\proj1\exe1.cpp(10) : error C2373: 'max' : redefinition; different type modifiers
Error executing cl.exe.

exe1.obj - 2 error(s), 0 warning(s)
Build / Debug / Find in Files 1 / Find in Files 2 / 结果
```

图 1-2-1 程序输出结果

从“输出”窗口的内容可以看出，源程序中的第一个语法错误出现在第 7 行，错误提示的意思是 max 是一个未声明的标识符。程序编译时总是从上向下进行编译，显然在源程序中，编译器会首先编译到调用函数 max 的语句，而这时在程序的前面没有任何关于 max 的信息，所以编译器就会给出如上的错误提示。在 C++中，如果函数调用的位置在

函数定义之前，则要求在函数调用之前必须对所调用的函数作函数原型声明，这不是建议性的，而是强制性的。这样做的目的是使编译系统对函数调用的合法性进行严格的检查，尽量保证程序的正确性。

在源程序的 main 函数前或在 main 函数中 max 函数的调用语句之前增加对 max 函数的原型声明语句：

```
int max(int x, int y) 或 int max(int, int)
```

重新编译程序，结果无语法错误。然后连接、运行程序。程序运行时，首先在屏幕上输出如下信息：

```
Please input to a and b:
```

此时，程序暂停运行，等待用户从键盘输入数据，若从键盘输入

```
1 2 ↙
```

程序继续运行，在屏幕上输出如下信息：

```
Max = 3
```

程序运行结果正确。

该题目的重点测试知识点为函数原型声明：若函数的调用在前，定义在后，则需要在函数调用语句前对函数作原型声明。

【特别提醒】

(1) 在对 C++ 源程序进行编译时，编译系统如果发现程序中有语法错误，则会在“输出”窗口中显示错误信息。用鼠标双击错误信息可直接跳转到错误源代码所在行进行修改。

(2) 编译系统给出的编译出错信息，只是提示性的，引导用户去检查，用户必须根据程序的上下文和编译出错信息，全面考虑，找出真正出错之处。编译出错信息通知某行出错，其实可能该行没错，而是该行的上一行出错。

(3) 一个语法错误可能引发出很多条 Error 信息，如上述程序的第 7 行的一个语法错误就引出两个 Error 信息。因此，发现一个错误并修改后，再重新编译一次，有可能其他的语法错误信息也没有了，上述程序就是如此。

(4) 有时须有的错误开始时未被检查出来并告知，这是由于其他错误未解决，掩盖了这个错误。当解决了其他错误后，这个错误会被检查出来。有时在调试工程中会不断检查出新的错误，这是不奇怪的。依次处理，问题会迎刃而解。

(5) 对于“输出”窗口中显示出的警告信息，一般是触发了 C++ 的自动规则，如将一个浮点型数据赋值给整型变量，系统需要将浮点型数据自动转换成整型数据，因此小数部分丢失，因而系统给出警告信息。警告信息不会影响程序的执行，但最好消除警告信息。

(6) 有时编写的程序在编译时没有错误，也能执行，但就是执行结果不对。这时候就要考虑程序中是否存在逻辑错误。对于程序中的逻辑错误，一般是由于程序设计者设计不当造成的，编译系统无法发现，要用户跟踪程序的运行过程才能发现，这需要借助 Visual C++ 6.0 提供的调试工具进行跟踪调试。调试工具栏如图 1-2-2 所示。

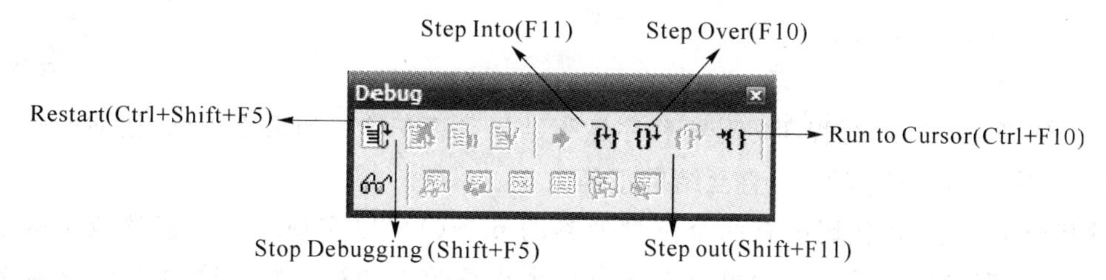

图 1-2-2 调试工具栏

在完成程序编译的情况下，单步执行程序，可以单击工具栏中的“Step Over”按钮或直接按 F10 功能键，也可以单击工具栏中的“Step Into”按钮或直接按 F11 功能键。二者的区别在于 Step Over 不跟踪进入函数内，Step Into 跟踪进入函数内。如果确信某个函数没有错，当执行对该函数的调用时直接按 F10，以免进入该函数，浪费调试时间；如果不能确定该函数是否有逻辑错误，那么按 F11，将跟踪到函数内部。单步执行程序时，再输出窗口观察变量的值，分析并查找出错原因。

另外，在调试程序时，还经常采用设置断点和单步跟踪相结合的方法。首先在源程序中可能出现错误的行前面（任意一个可执行程序行）设置一个断点，以加快单步跟踪。方法是将光标移到该行，然后按 F9 键（再按一次 F9 键将取消断点），此时在该行的左侧出现一个红色圆点，断点设置成功。按 F5 键开始调试程序，当程序执行到断点行时将停下。此时，我们可观察变量的值。接下来可以按 F10 或 F11 进行单步跟踪。

3. 实验步骤

（1）用函数重载实现

① 创建一个名为 shiyan2_31 的工程。

② 在该工程中创建一个 C++源程序文件（文件名自定），在该文件中输入以下程序代码。

```
#include <iostream>                                  //包含头文件命令
using namespace std;                                 //使用名字空间 std
int main()
{       int a, b, c;                                 //定义两个变量 a 和 b
        cout<<"Please input to a, b and c: "<<endl;  //输出提示信息到屏幕
        cin>>a>>b>>c;                                //等待用户从键盘输入数据
        int max(int x, int y) ;                      //有两个形参的 max 函数原型声明
        cout<<"Max(a, b) ="<<max(a, b)<<endl;        //输出结果信息至屏幕
        int max(int x, int y, int z) ;               //有三个形参的 max 函数原型声明
        cout<<"Max(a, b, c) ="<<max(a, b, c)<<endl;  //输出结果信息至屏幕
        return 0;                                    //主函数返回 0 至操作系统
}
int max(int x, int y) {  return (x> y) ? x : y;  }  //求两个数中的大者的函数
int max(int x, int y, int z)                         //求三个数中的大者的函数
{     int temp;
      temp = max(x, y) ;
      temp = max(temp, z) ;
```

```
    return temp ;
}
```

③ 编译、连接、运行程序。分析程序运行结果是否正确。如果不正确，按前面所讲述的调试程序的方法调试程序，直至结果正确为止。

【代码解析】上述代码中有两个整型形参的 max()可以实现求 2 个正整数中的最大数。有 3 个整型形参的 max()可以实现求 3 个正整数中的最大数。这两个 max 函数的函数形参的类型相同而个数不同，符合函数重载的条件。

(2) 用带默认参数的函数实现

① 创建一个名为 shiyan2_32 的工程。

② 在该工程中创建一个 C＋＋源程序文件(文件名自定)，在该文件中输入以下源程序代码。

```
#include <iostream>
using namespace std;
int main()
{   int max(int a, int b, int c = 0);
    int a, b, c;
    cin>>a>>b>>c;
    cout<<"max(a, b, c) ="<<max(a, b, c)<<endl;
    cout<<"max(a, b) ="<<max(a, b)<<endl;
    return 0;
}
int max(int a, int b, int c)
{   if (b > a) a = b;
    if (c > a) a = c;
    return a;
}
```

③ 编译、连接、运行程序。分析程序运行结果是否正确。如果不正确，按前面所讲述的调试程序的方法调试程序，直至结果正确为止。

【代码解析】上述代码使用带默认参数的函数实现求 2 个或 3 个正整数中的最大数，如果是从 3 个正整数中求最大数，可以在调用时写成“max(a,b,c)”形式，如果只想从 2 个正整数中求最大数，则在调用时写成“max(a,b)”形式，此时 max 函数的第 3 个形参 c 自动取默认值 0，由于 0 比任何正整数都小，因此此种调用形式可以实现从 2 个正整数中求最大数。本题中默认参数的默认值可以取任何小于零的整数。该题目的重点测试知识点为函数的默认参数。

4. 实验步骤

(1) 使用指针形参

① 创建一个名为 shiyan2_41 的工程。

② 在该工程中创建一个C++源程序文件(文件名自定),在该文件中输入以下源程序代码。

```
#include <iostream>
using namespace std;
int main()
{     void sort(int *, int *, int *);
      int a, b, c, a1, b1, c1;
      cout<<"Please enter 3 integers:";
      cin>>a>>b>>c;
      a1 = a; b1 = b; c1 = c;
      sort(&a1, &b1, &c1);
      cout<<a<<" "<<b<<" "<<c<<" in sorted order is ";
      cout <<a1 <<" "<<b1<<" "<<c1<<endl;
      return 0;
}
void sort(int *i, int *j, int *k)
{     void change(int *, int *);
      if (*i > *j) change(i, j);
      if (*i > *k) change(i, k);
      if (*j > *k) change(j, k);
}
void change(int *x, int *y)
{     int temp;
      temp = *x; *x = *y; *y = temp;
}
```

③ 编译、连接、运行程序。分析程序运行结果是否正确。如果不正确,按前面所讲述的调试程序的方法调试程序,直至结果正确为止。

【代码解析】上述代码中的change函数用来实现两个数的交换,sort函数用来实现对3个数的排序。为了实现主调函数和被调函数之间的数据的双向传递,change函数和sort函数的形参使用的是指针形参。

(2) 使用引用形参

① 创建一个名为shiyan2_42的工程。

② 在该工程中创建一个C++源程序文件(文件名自定),在该文件中输入以下源程序代码。

```
#include <iostream>
using namespace std;
int main()
```

```
{    void sort(int &, int &, int &);
     int a, b, c, a1, b1, c1;
     cout<<"Please enter 3 integers:";
     cin>>a>>b >>c;
     a1 = a; b1 = b; c1 = c;
     sort(a1, b1, c1);
     cout<<a<<" "<<b<<" "<<c<<" in sorted order is ";
     cout<< a1<<" " <<b1<<" "<<c1<<endl;
     return 0;
}
void sort(int &i, int &j, int &k)
{    void change(int &, int &);
     if (i > j) change(i, j);
     if (i > k) change(i, k);
     if (j > k ) change(j, k);
}
void change(int &x, int &y)
{    int temp;
     temp = x; x = y; y = temp;
}
```

③ 编译、连接、运行程序。分析程序运行结果是否正确。如果不正确，按前面所讲述的调试程序的方法调试程序，直至结果正确为止。

【代码解析】与上一个程序相同，上述代码中的 change 函数也是用来实现两个数的交换，sort 函数也是用来实现对 3 个数的排序。所不同的是，为了实现主调函数和被调函数之间的数据的双向传递，此程序中的 change 函数和 sort 函数的形参使用的是引用形参。比较上述两个程序的代码，使用引用形参不仅可以使代码书写更简单，还可以节省内存空间，提高程序的执行效率。这也是在 C＋＋中引入引用的主要目的。该题目的重点测试知识点为函数参数的两种数据传递方式：地址传递和引用传递。

5. 实验步骤

① 创建一个名为 shiyan2_5 的工程。

② 在该工程中创建一个 C＋＋源程序文件（文件名自定），在该文件中输入以下源程序代码。

```
#include <iostream>
#include <string>
using namespace std;
int main()
{    int a[5] = {1, 9, 0, 23, -45};
```

```
    float b[5] = {2.4f, 7.6f, 5.5f, 6.6f, -2.3f};
    string c[5] = { "student", "teacher", "library", "class","school"};
    void sort(int [], int);
    void sort(float [], int);
    void sort(string [], int);
    sort(a, 5);
    sort(b, 5);
    sort(c, 5);
    return 0;
}

void sort(int a[], int n)//冒泡排序
{   int i, j, t;
    for (j = 0; j<n - 1; j ++ )
        for(i = 0; i<n - j - 1; i ++ )
            if (a[i] > a[i + 1])
                { t = a[i]; a[i] = a[i + 1]; a[i + 1] = t; }
    cout<<"the sorted numbers :"<<endl;
    for (i = 0; i<5; i ++ ) cout<<a[i]<<" ";
    cout<<endl<<endl;
}

void sort(float a[], int n)//改进的冒泡排序
{   int i, j;
    float t;
    int flag;
    for (j = 0; j<n - 1; j ++ )
    {   flag = 1;
        for (i = 0; i<n - j - 1; i ++ )
        if (a[i] > a[i + 1])
        {   flag = 0;
            t = a[i]; a[i] = a[i + 1]; a[i + 1] = t;
        }
        if (flag == 1) break;
    }
    cout<<"the sorted numbers :"<<endl;
    for (i = 0; i<5; i ++ )      cout<<a[i]<<" ";
```

```
    cout<<endl<<endl;
}

void sort(string a[], int n)//选择排序
{   int i,j;
    int min;
    string t;
    for (i=0; i<n-1; i++)
    {  min=i;
       for (j=i+1; j<n; j++)
           if (a[min] > a[j]) min=j;
       t=a[i]; a[i]=a[min]; a[min]=t;
    }
    cout<<"the sorted numbers :"<<endl;
    for (i=0; i<5; i++) cout<<a[i]<<" ";
    cout<<endl<<endl;
}
```

③ 编译、连接、运行程序。分析程序运行结果是否正确。如果不正确,按前面所讲述的调试程序的方法调试程序,直至结果正确为止。

【代码解析】在上述代码,3 个 sort 函数依次用来实现对一组整数、单精度浮点数和字符串数据的升序排序。从这 3 个重载函数的函数体代码可以看出,并不要求重载函数的函数体相同。在本例中,3 个重载排序函数所使用的排序算法不同。从理论上说,重载的函数可以用来实现完全不同的功能。但是应注意:同一个函数名最好用来实现相近的功能,而不要用来实现完全不相干的功能,以方便用户理解和使用。该题目的重点测试知识点为函数重载、排序算法。

6. 实验步骤

① 创建一个名为 shiyan2_6 的工程。

② 在该工程中创建一个 C++源程序文件(文件名自定),在该文件中输入以下源程序代码。

```
#include <iostream>
#include <string>
using namespace std;
int main()
{   string s1="week", s2="end";
    cout<<"s1="<<s1<<endl;
    cout<<"s2="<<s2<<endl;
    s1=s1+s2;
```

```
    cout<<"The new string is:"<<s1<<endl;
    return 0;
}
```

③ 编译、连接、运行程序。分析程序运行结果是否正确。如果不正确,按前面所讲述的调试程序的方法调试程序,直至结果正确为止。

【代码解析】在C++中,并没有提供字符串型这样一种标准数据类型,定义字符串变量需要使用C++标准库中的字符串类。因此凡是需要使用此类的程序,都要在程序首部加入"#include <string>"语句。两个字符串变量的连接运算直接使用"+"运算符。该题目的重点测试知识点为字符串变量。

实验3　类和对象

一、实验目的

1. 理解类和类的成员的概念，掌握声明类的方法，以及由类定义对象的方法。
2. 初步掌握用类和对象编写基于对象的程序。
3. 学会检查和调试基于对象的程序。
4. 掌握类的构造函数和析构函数的定义。
5. 掌握对象数组、对象指针及其使用方法。
6. 掌握共用数据的保护方法。

二、实验内容

1. 检查下面的程序，找出其中的错误，并改正。然后上机调试，使程序能正常运行。

程序 1

```
#include <iostream>
using namespace std;
class Date
{     void set_date(void);
      void show_date(void);
      int year;
      int month;
      int day;
};
Date d;
int main()
{
      set_date();
      show_date();
}
void set_date(void)
{
      cin>>d.year;
      cin>>d.month;
      cin>>d.day;
```

```
}
void show_date(void)
{
     cout<<d.year<<"/"<<d.month<<"/"<<d.day<<endl;
}
```

程序 2

```
#include <iostream>
using namespace std;
class A
{public:
    void A(int i = 0){ m = i; }
    void show(){ cout<<m<<endl; }
    void ~A(){}
private:
    int m;
};
int main()
{    A a(5);
     a.m += 10;
     a.show();
     return 0;
}
```

程序 3

```
#include <iostream>
using namespace std;
class X
{private:
     int a = 0;
     int &b;
     const int c;
     void setA(int i){ a = i; }
     X(int i){ a = i; }
public:
     int X(){ a = b = 0; }
     X(int i, int j, int k){ a = i; b = j; c = k; }
     setC(int k) const { c = c + k; }
};
int main()
```

```
{
    X x1;
    X x2(2);
    X x3(1, 2, 3);
    x1.setA(3);
    return 0;
}
```

2. 请先阅读下面的程序,写出程序运行的结果,然后再上机运行程序,验证自己分析的结果是否正确。

程序 1

```
#include <iostream>
using namespace std;
class test{
public:
    test();
    int getint( ){ return num; }
    float getfloat( ){ return fl; }
    ~test( );
private:
    int num;
    float fl;
};
test::test( )
{
    cout<<"Initalizing default"<<endl;
    num = 0; fl = 0.0;
}
test::~test( )
{
    cout<<"Destructor is active"<<endl;
}

int main( )
{
    test array[2];
    cout<<array[1].getint( )<< " "<<array[1].getfloat( ) <<endl;
    return 0;
}
```

程序 2

```
#include<iostream>
using namespace std;
#include<string>
class X
{public:
    X(int x1, char *x2, float x3): a(x1), c(x3)
    {   b=new char[sizeof(x2)+1];
        strcpy(b, x2);
    }
    X(): a(0), b("X::X()"), c(10){ }
    X(int x1, char *x2="X::X(....)", int x3=10): a(x1), b(x2), c(x3){}
    X(const X&other)
    {   a=other.a;
        b="X::X(const X &other)";
        c=other.c;
    }
    void print()
    {   cout<<"a="<<a<<"\t"<<"b="<<b<<"\t"<<"c="<<c<<endl; }
private:
    int a;
    char *b;
    float c;
};
int main(){
    X *A=new X(4, "X::X(int, char, float)", 32);
    X B, C(10), D(B);
    A->print();
    B.print();
    C.print();
    D.print();
    return 0;
}
```

3. 某单位的职工工资包括 Wage(基本工资)，Subsidy(岗位津贴)，Rent(房租)，WaterFee(水费)，ElecFee(电费)。设计实现工资管理的 Salary 类，该类的形式如下：

```
class Salary
{public:
    Salary(){初始化工资数据的各分项数据为0}
```

```
    Salary(……){初始化工资数据的各分项数据}
    void setXX(double f){ XX = f; }
    double getXX(){ return XX; }
    double RealSalary(){ …… } //计算实发工资
    ……
Private:
    double Wage, Subsidy, Rent, WaterFee, ElecFee;
};
```

其中,成员函数 setXX()用于设置工资的各分项数据,成员函数 getXX()用于获取工资的各分项数据,XX 代表 Wage、Subsidy 等数据成员,如 Wage 对应的成员函数则为 setWage()和 getWage()。

实发工资=Wage+Subsidy-Rent-WaterFee-ElecFee

编程完善该类的设计,并在主函数中测试该类的各成员函数。

4. 设计一个时钟类 Clock。数据成员包括 hour(小时)、minute(分钟)、second(秒)。要求用成员函数实现以下功能:

(1) 创建具有指定时钟(小时、分钟、秒)的 Clock 对象,默认时钟为 00:00:00。

(2) 动态地设置时、分、秒。

(3) 在屏幕上按"时:分:秒"的格式显示时钟。

(4) 在主函数中测试该类。

5. 设计一个三角形类 Triangle,数据成员包括三角形的三边长 a、b、c。要求用成员函数实现以下功能:

(1) 定义构造函数完成三角形的初始化。

(2) 求三角形的周长。

(3) 求三角形的面积。

(4) 输出三角形信息。

6. 设计一个职工类 Employee。数据成员包括字符串型的 name(姓名)、street(街道地址)、city(市)、province(省)、postalcode(邮政编码)。要求用成员函数实现以下功能:

(1) 对构造函数进行重载,以实现在创建职工对象时,可以按不同方式指定职工信息。

(2) 动态地设置职工对象信息。

(3) 在屏幕上打印职工信息。

(4) 在主函数中测试该类。

7. 下面是一个整型数组类 intArray 的声明,请给出该类所有数据成员的类外定义。

```
class intArray
{public:
    intArray(int size);                //构造函数
    intArray(const intArray &x);       //复制构造函数
    ~intArray();                       //析构函数
```

```
    bool Set(int i, int elem);          //设置第 i 个数组元素的值,设置成功返
                                          回 true,失败返回 false
    bool Get(int i, int &elem);         //获取第 i 个数组元素的值,获取成功返
                                          回 true,失败返回 false
    int Length( ) const;                //获取数组的长度
    void ReSize ( int size );           //重置数组
    void Print();                       //输出数组
private:
    int *element;                       //指向动态数组的指针
    int arraysize;                      //数组的大小
};
```

8. 下面是一个整型链表类 intList 的声明,请给出该类所有数据成员的类外定义。

```
class intList
{protected:
    struct Node{
        Node * next;
        int data;
    };
    Node * pFirst;
public:
    intList();                          //构造函数
    ~intList();                         //析构函数
    //向链表的第 i 个位置插入一个元素,插入成功返回 true,失败返回 false
    bool Insert(int i, int elem);
    //删除链表的第 i 个位置的元素,删除成功返回 true,失败返回 false
    bool Remove(int i, int &elem) ;
    int Find(int elem)const;            //查找值为 elem 的元素,返回该元素在
                                          链表中的位置
    int Length( ) const;                //返回链表长度
    void Printlist();                   //输出链表
};
```

9. 下面是一个整型堆栈类 intStack 的声明,请给出该类所有数据成员的类外定义。

```
class intStack
{public:
    intStack (int size=10);             //构造函数
    ~intStack ();                       //析构函数
    bool Push(int elem);                //入栈操作
    bool Pop(int &elem);                //出栈操作
```

```
    int Length( ) const;                    //获取栈中元素的个数
private:
    int * data;                             //指向动态数组的指针
    int top;                                //栈顶指针
    int size;                               //堆栈的容量
};
```

三、实验内容解析

1. 程序1中的错误如下。

错误1:set_date()函数和show_date()函数放在Date类的类体中,这表示它们是Date类的成员函数,但是在定义这两个函数时是按一般函数定义的。

错误2:在Date类中没有指定访问权限(public或private),按C++的规定,如不指定访问权限,按private处理。私有的成员在类外是不能被访问的,在set_date()函数和show_date()函数中都访问了私有成员year、month、day,main函数调用set_date()函数和show_date()函数都是不允许的。

错误3:在main函数中调用set_date()函数和show_date()函数,这两个函数都是在main()函数之后定义的,而在main()函数中并未对这两个函数进行原型声明。

错误4:在main()函数的最后缺少返回语句。

return 0;

对该程序进行修改的思路有以下两种:

修改思路1:把set_date()和show_date()函数看作是类Date的成员函数。修改后的程序代码如下。

```
#include <iostream>
using namespace std;
class Date
{public:
    void set_date(void);
    void show_date(void);
private:
    int year;
    int month;
    int day;
};
int main()
{
    Date d;
    d.set_date();
    d.show_date();
```

```
    return 0;
}
void Date::set_date(void)
{   cin>>year;
    cin>>month;
    cin>>day;
}
void Date::show_date(void)
{ cout<<year<<"/"<<month<<"/"<<day<<endl; }
```

修改思路 2:把 set_date()和 show_date()函数看作是普通函数。修改后的程序代码如下。

```
#include <iostream>
using namespace std;
class Date
{public:
    int year;
    int month;
    int day;
};
Date d;
int main()
{   void set_date(void);
    void show_date(void);
    set_date();
    show_date ();
    return 0;
}
void set_date(void)
{   cin>>d.year;
    cin>>d.month;
    cin>>d.day;
}
void show_date(void)
{ cout<<d.year<<"/"<<d.month<<"/"<<d.day<<endl; }
```

【修改思路分析】

第 2 种修改思路虽然可以解决程序中的错误,可以使程序正常运行。但是,在 Date 类中,只有公有的数据成员,没有成员函数。这样的 Date 类没有体现出类的封装特性。第 1 种修改思路更符合本章所学内容的运用,把 set_date()和 show_date()函数看作是类 Date 的成员函数,其访问属性要设置为 public,以便类外的 main()函数的调用。3 个数据成员 year、month、day 的访问属性设置为 Pravite。在类外定义 set_date()和 show_date()成员函数时，函数名前要加上类名 Date 和域运算符::。set_date()和 show_date()成员函数对数据成员 year、month、day 的访问是直接访问，前面不需要加对象名，而 main()函数中对 set_date()和 show_date()成员函数的访问一定要通过加对象名来进行。

(2) 程序 2 中的错误如下。

错误 1:构造函数指定了返回值类型。删除其前面的 void。

错误 2:析构函数指定了返回值类型。删除其前面的 void。

错误 3:m 为类 A 的私有数据成员，类外不能访问。可以在类 A 中增加设置 m 的值的公用成员函数。

可以对程序代码做如下修改:

```
#include <iostream>
using namespace std;
class A
{public:
        A(int i=0){ m=i; }
        void set(int x){ m=x; }
        void show(){ cout<<m<<endl; }
        ~A(){}
private:
        int m;
};
int main()
{      A a(5);
       a.set(10);
       a.show();
       return 0;
}
```

【修改思路分析】

类的构造函数和析构函数都是无返回类型的，构造函数和析构函数名前面什么都不要写，即使写 void 也不行。在声明一个类时，一般的做法是:把数据成员声明为私有的，把需要类外访问的成员函数声明为公有的，不需要类外访问，只是为类中的其他成员函数提供服务的成员函数要声明为私有的。本程序中 m 为类 A 的私有数据成员，类外不能访问。如果类外需要访问 m，可以在类 A 中增加访问 m 的值的公用成员函数。由于本程序的 main()函数需要设置 a 对象 m 的值为 10，因此可以在类 A 中增加设置 m 的值的公用成员函数 set，在 main()函数中通过 d. set(10)来实现对 m 的间接访问。

(3) 程序 3 中的错误如下。

错误 1:类 X 的私有数据成员 a 的初始化不能在类中进行，只能通过构造函数完成。

错误 2:类 X 的私有数据成员 b 定义为引用，但没有进行初始化。

错误 3:类 X 的私有成员函数 setA()不能在类外调用。

错误 4:构造函数 X(int i){ a = i;}的访问权限不能定义为私有的。

错误 5:构造函数 X(int i){ a = i;}没有对常数据成员 c 在参数初始化表中进行初始化。

错误 6:构造函数 int X(){ a = b = 0;}不能定义返回类型。

错误 7:构造函数 int X(){ a = b = 0;} 没有对常数据成员 c 在参数初始化表中进行初始化。

错误 8:构造函数 X(int i, int j, int k){ a = i; b = j; c = k; }对常数据成员 c 的初始化不是在参数初始化表中完成的。

错误 9:常成员函数 setC(int k) const { c = c + k;}修改常数据成员 c 的值,且没有指定该函数的返回值类型。

可以对程序代码做如下修改:

```
#include <iostream>
using namespace std;
class X
{private:
     int a;
     int b;
     const int c;
public:
     X(int i): c(0){ a = i; }
     X(): c(0){ a = b = 0; }
     X(int i, int j, int k): c(k){ a = i; b = j; }
     void showC() const { cout<<c<<endl; }
     void setA(int i){ a = i; }
};
int main()
{
     X x1;
     X x2(2);
     X x3(1, 2, 3);
     x1.setA(3);
     return 0;
}
```

【修改思路分析】

类是抽象的,由类定义的对象才是具体的,系统并不为类分配存储空间,只为对象分配存储空间,对类的数据成员的初始化只能通过构造函数来进行。对类的常数据成员的初始化只能通过构造函数的参数初始化表来进行。在程序运行的过程中不允许对常数据成员的值进行修改。

构造函数由系统在遇到定义对象的语句时自动调用，所以构造函数的访问属性一定要声明为公有的，析构函数同样需要如此定义其访问属性。

2. 实验内容 2 的实验步骤

(1) 程序 1 的运行结果

```
Initalizing default
Initalizing default
0 0
Destructor is active
Destructor is active
```

该题目的重点测试知识点为构造函数和析构函数的执行顺序。

(2) 程序 2 的运行结果

```
a = 4     b = X::X(int, char, float)     c = 32
a = 0     b = X::X()                     c = 10
a = 10    b = X::X(....)                 c = 10
a = 0     b = X::X(const X &other)       c = 10
```

该题目的重点测试知识点为构造函数重载，动态对象的定义与使用。

3. 程序的参考代码如下。

```
#include <iostream>
using namespace std;
class Salary
{public:
    Salary()//初始化工资数据的各分项数据为 0
    {  Wage = 0; Subsidy = 0; Rent = 0; WaterFee = 0; ElecFee = 0; }
    Salary(double W, double S, double R, double WF, double EF)//初始化工资数据的各分项数据
    {  Wage = W; Subsidy = S; Rent = R; WaterFee = WF; ElecFee = EF; }
    void setWage(double w){ Wage = w; }
    double getWage(){ return Wage; }
    void setSubsidy(double s){ Subsidy = s; }
    double getSubsidy(){ return Subsidy; }
    void setRent(double r){ Rent = r; }
    double getRent(){ return Rent; }
    void setWaterFee(double wf){ WaterFee = wf; }
    double getWaterFee(){ return WaterFee; }
    void setElecFee(double ef){ ElecFee = ef; }
    double getElecFee(){ return ElecFee; }
```

```
    double RealSalary() //计算实发工资
    {   return Wage + Subsidy - Rent - WaterFee - ElecFee; }
    void Display()
    {
        cout<<"Wage ="<<Wage<<endl;
        cout<<"Subsidy ="<<Subsidy<<endl;
        cout<<"Rent ="<<Rent<<endl;
        cout<<"WaterFee ="<<WaterFee<<endl;
        cout<<"ElecFee ="<<ElecFee<<endl;
        cout<<"RealSalary ="<<RealSalary()<<endl;
    }
private:
    double Wage, Subsidy, Rent, WaterFee, ElecFee;
};
int main()
{     Salary s(2000, 1000, 500, 50, 200);
      s.Display();
      s.setWage(3000);
      cout<<endl;
      s.Display();
      return 0;
}
```

【代码解析】该题目的重点测试知识点为类的声明、构造函数重载、对象的定义与使用。虽然在C++的基于对象的程序中是一个一个的对象在运行，而对象是由类实例化而得到的，因此在实际开发过程中是针对类进行编程的。在声明一个类时，一般的做法是：把数据成员声明为私有的，把需要类外访问的成员函数声明为公有的，不需要类外访问，只是为类中的其他成员函数提供服务的成员函数要声明为私有的。Salary类的数据成员题目中已详细列出，且都声明为私有的，Salary类的成员函数包括构造函数、设置和获取工资数据的各分项数据的函数、计算实发工资的函数、显示工资数据的函数。类是对一组具有共同属性和行为的对象的抽象，在设置一个类时，我们要把与当前问题紧密相关的对象属性抽取出来，作为其对象类的数据成员，类的成员函数都有哪些是由该类对象的行为(即其对外提供的服务)决定的。

4. 程序的参考代码如下。

```
#include <iostream>
using namespace std;
#include <string>
class Clock
{public:
```

```
    Clock();
    Clock(int h, int m, int s);
    void SetClock(int h, int m, int s);
    void ShowClock();
private:
    int hour, minute, second;
};
Clock::Clock(){ hour = 0; minute = 0; second = 0; }
Clock::Clock(int h, int m, int s){ hour = h; minute = m; second = s; }
void Clock::SetClock(int h, int m, int s)
{   hour = h; minute = m; second = s; }
void Clock::ShowClock()
{    if (hour<10) cout<<'0';
     cout<<hour<<":";
     if (minute<10) cout<<'0';
     cout<<minute<<":";
     if (second<10) cout<<'0';
     cout<<second<<endl;
}
int main()
{
     Clock clock1;
     clock1.ShowClock();
     clock1.SetClock(12, 1, 1);
     clock1.ShowClock();
     Clock clock2(13, 1, 1);
     Clock2.ShowClock();
     return 0;
}
```

【代码解析】描述时间需要 3 项数据：时、分、秒，所以上述程序代码中的 Clock 类的数据成员有 3 个：hour、minute 和 second，对 Clock 类的构造函数的重载使得在创建时钟对象时既可以指定时钟（小时、分钟、秒）也可以不指定时钟，默认为 00:00:00，成员函数 SetClock()用来实现在程序运行的过程中动态地设置时、分、秒，成员函数 ShowClock()用来实现在屏幕上按"时:分:秒"的格式显示时钟。注意，在 main()函数中测试 Clock 类时，要把该类的各成员函数都测试一遍。这里需要特别提醒的是，在设计 Clock 类时，并没有考虑对时、分、秒数据不合法情况的处理，有兴趣的读者可以试着加上对不合法数据的处理。该题目的重点测试知识点为类的声明、构造函数重载、对象的定义与使用。

5. 程序的参考代码如下。

```
#include <iostream>
using namespace std;
#include <cmath>
class Triangle                                          //声明三角形类
{public:
    Triangle(int x, int y, int z);
    void SetTriangle(int x, int y, int z);              //设置三角形成员函数
    double GetArea();                                   //求三角形面积
    int GetPerimeter();                                 //求三角形周长
    void Print();                                       //输出三角形信息
private:
    int a, b, c;                                        //数据成员,三角形的三条边
};
Triangle::Triangle(int x, int y, int z){a=x; b=y; c=z; }
void Triangle::SetTriangle(int x, int y, int z)//设置三角形成员函数
{   a=x; b=y; c=z; }
double Triangle::GetArea()                              //求三角形面积
{   double s;
    s=(a+b+c) / 2.0;
    return sqrt( s*(s-a)*(s-b)*(s-c));
}
int Triangle::GetPerimeter(){  return (a+b+c); } //求三角形周长
void Triangle::Print()                                  //输出三角形信息
{   cout<<"the three side of the triangle is:"<<a<<','<<b<<','<<
    c<<endl;
    cout<<"the perimeter of the triangle is:"<<GetPerimeter()<<endl;
    cout<<"the area of the triangle is:"<<GetArea()<<endl;
}
int main()
{   Triangle t1(4, 5, 6);                               //定义三角形对象
    Triangle t2(7, 8, 9);                               //定义三角形对象
    t1.Print();
    t2.Print();
    return 0;
}
```

【代码解析】对于三角形类 Triangle,其数据成员包括三角形的三边长 a、b、c,其带参数的构造函数用来实现在创建对象时指定初值,成员函数 SetTriangle ()用来实现在程序

运行的过程中动态地修改三角形的三边长，成员函数 GetArea()用来计算三角形的面积、成员函数 GetPerimeter()用来计算三角形的周长。在 main()函数中测试 Triangle 类时，把该类的各成员函数都测试了一遍。该题目的重点测试知识点为类的声明、对象的定义与使用。

6. 程序的参考代码如下。

```
#include <iostream.h>
#include <string.h>
class Employee
{public:
     Employee(char *nm, char *str, char *city, char *prov, char *zip);
     Employee(const Employee &);
     void SetData(char *newName, char *newstr, char *newcity, char *new-
prov, char *newcode);
     void Display();
private:
     char name[20];
     char street[100];
     char city[20];
     char province[20];
     char postalcode[10];
};
Employee::Employee(char *nm, char *str, char *cit, char *prov, char *
code)
{   strcpy(name, nm);
    strcpy(street, str);
    strcpy(city, cit);
    strcpy(province, prov);
    strcpy(postalcode, code);
}
Employee::Employee(const Employee &other)
{   strcpy(name, other.name);
    strcpy(street, other.street);
    strcpy(city, other.city);
    strcpy(province, other.province);
    strcpy(postalcode, other.postalcode);
}
void Employee::SetData(char *newName, char *newstr,char *newcity, char *
newprov, char *newcode)
```

```
{    strcpy(name, newName);
     strcpy(street, newstr);
     strcpy(city, newcity);
     strcpy(province, newprov);
     strcpy(postalcode, newcode);
}
void Employee::Display()
{    cout<<"name="<<name;
     cout<<" street="<<street;
     cout<<" city="<<city;
     cout<<" province="<<province;
     cout<<" postalcode="<<postalcode;
     cout<<endl;
}
int main()
{    Employee employee1("Tom", "AAAAAAAA", "BB", "CC", "DD");
     employee1.Display();
     employee1.SetData("Tom", "EEEEEEE", "FF", "GG", "HH");
     employee1.Display();
     Employee employee2(employee1);
     employee2.Display();
     return 0;
}
```

【代码解析】对于职工类 Employee，其数据成员有 name（姓名）、street（街道地址）、city（市）、province（省）、postalcode（邮政编码），其构造函数有普通构造函数和复制构造函数，成员函数 SetData()用来实现在程序运行的过程中动态地设置职工对象信息，成员函数 Display()用来实现在屏幕上打印职工信息。在 main()函数中测试 Employee 类时，把该类的各成员函数都测试了一遍。该题目的重点测试知识点为类的声明、构造函数重载、对象的复制。

7. 程序的参考代码如下。

```
#include <iostream>
using namespace std;
class intArray
{public:
     intArray(int size);             //构造函数
     intArray(const intArray &x); //复制构造函数
     ~intArray();                    //析构函数
     bool Set(int i, int elem); //设置第 i 个数组元素的值，设置成功返回 true，
```

```
                                     失败返回 false
    bool Get(int i, int &elem); //获取第 i 个数组元素的值,获取成功返回 true,
                                     失败返回 false
    int Length( ) const;             //获取数组的长度
    void ReSize ( int size );        //重置数组
    void Print();                    //输出数组
private:
    int * elements;                  //指向动态数组的指针
    int arraysize;                   //数组的大小
};
intArray::intArray(int size)
{   if ( size <= 0 )
    {  cerr<<"Invalid Array Size"<<endl; return; }
    elements = new int[size];
    if ( elements == NULL )
    {  cerr<<"Memory Allocation Error"<<endl; return; }
    else arraysize = size;
}
intArray::intArray(const intArray &x)
{   int n = arraysize = x.arraysize;
    elements = new int[n];
    if ( elements == NULL )
    cerr<<"Memory Allocation Error"<< endl;
    int * srcptr = x.elements;
    int * destptr = elements;
    while ( n-- )
      * destptr ++ = * srcptr ++ ;
}
intArray::~intArray(){delete [] elements; }
bool intArray::Set(int i, int elem)
{    if (i<0 || i > arraysize)
    {  cout<<"I is invalid!"<<endl; return false;}
     else
     {     elements[i] = elem; return true;}
}
bool intArray::Get(int i, int &elem)
{    if (i<0 || i > arraysize)
        {     cout<<"I is invalid!"<<endl; return false; }
```

```
        else
        {   elem = elements[i]; return true; }
    }
    int intArray::Length( ) const { return arraysize; }
    void intArray::ReSize ( int size )
    {   if ( size >= 0 && size != arraysize )
        {   int * newarray = new int[size];
            if ( newarray == NULL )
                cerr<<"Memory Allocation Error"<<endl;
            int n = ( size <= arraysize ) ? size : arraysize;
            int *srcptr = elements;
            int *destptr = newarray;
            while ( n-- ) *destptr++= *srcptr++ ;
            delete [ ] elements;
            elements = newarray;
            arraysize = size;
        }
    }
    void intArray::Print()
    {   for (int i = 0; i<arraysize; i++ )
            cout<<elements[i]<<" ";
        cout<<endl;
    }
    int main()
    {   intArray arr(5);
        for (int i = 0; i<5; i++ )
            if (! arr.Set(i,i)) exit(1);
        arr.Print();
        return 0;
    }
```

【代码解析】描述一个动态数组需要两项数据:指向动态数组首地址的指针和动态数组的大小,所以动态数组类的数据成员有两个,其成员函数包括构造函数、析构函数、设置和获取数组元素的函数、获取数组长度的函数、输出数组的函数,这里需要特别强调的是,此类的析构函数是必须要写的,因为在构造函数中用 new 运算符申请的内存空间,必须在析构函数中用 delete 运算符释放,否则会造成内存泄漏。一般说来,如果一个类含有指针数据成员,则该类的析构函数必须要写,以释放该指针所指向的内存空间。

该题目的重点测试知识点为动态数组类的声明、动态数组类构造函数、析构函数及基本操作的实现。对于学过《数据结构》课程的读者来说,要试着学会如何把在《数据结构》

课程中学过的各种数据结构用C++类来实现封装，把其存储结构和其上的基本操作用C++类封装起来。

8. 程序的参考代码如下

```
#include <iostream>
using namespace std;
class intList
{protected:
    struct Node{
        Node * next;
        int data;
    };
    Node * pFirst;
public:
    intList(); //构造函数
    ~intList(); //析构函数
    //向链表的第 i 个位置插入一个元素，插入成功返回 true，失败返回 false
    bool Insert(int i, int elem) ;
    //删除链表的第 i 个位置的元素，删除成功返回 true，失败返回 false
    bool Remove(int i, int &elem) ;
    int Find(int elem)const; //查找值为 elem 的元素，返回指向该元素的指针
    int Length( ) const;     //返回链表长度
    void PrintList();        //输出链表
};
intList::intList()
{  pFirst = new Node; pFirst->next = NULL; };
intList::~intList()
{   Node *p, *q;
    p = pFirst;
    while (p -> next != NULL )
    {  q = p -> next;
       delete p;
       p = q;
    }
    delete p;
    pFirst = NULL;
}
int intList::Length() const
{ Node *p; int j;
```

```
    p = pFirst -> next; j = 0;
    while (p != NULL )
    {  p = p -> next; j ++ ; }
    return j;
}
int intList::Find(int elem)const
{   Node *p; int j; int data;
    p = pFirst -> next; j = 1;
    while (p != NULL )
    {   data = p -> data;
        if (data == elem) break;
        p = p -> next; j = j + 1;
    }
    if (p != NULL ) return(j);
    else return (0);
};
bool intList::Insert(int loc,int elem)
{   Node *p, *s; int j;
    p = pFirst; j = 0;
    while ((p != NULL ) && ( j< loc - 1))
    {  p = p -> next; j = j + 1; };
    if ((p != NULL ) && (j == loc - 1))
    {   s = new Node;
        s -> data = elem;
        s -> next = p -> next;
        p -> next = s;
        return true;
    } else return false;
};
bool intList::Remove(int i, int &elem)
{   Node *p, *q; int j;
    p = pFirst; j = 0;
    while (( p -> next != NULL ) && (j<i - 1))
    {  p = p -> next; j = j + 1; };
    if ((p -> next != NULL ) && (j == i - 1))
    {  q = p -> next;
       p -> next = p -> next -> next;
       elem = q -> data;
```

```
        delete(q);
        return true;
    }
    else return false;
};
void intList::PrintList()
{   Node *p;
    p=pFirst ->next;
    while (p != NULL )
    {  cout<<p->data<<" ";
       p=p ->next;
    };
    cout<<endl;
}
int main()
{   intList L;
    for(int i=1; i<10; i++)
        L.Insert(i, i);
    L.PrintList();
    int el=5;
    if (L.Remove(4, el))
       cout<<"Delete success!"<<endl;
    else
       cout<<"Delete fail!"<<endl;
    L.PrintList();
    int loc=L.Find(5);
    if (loc != 0)
       cout<<"Find! It is the "<<loc<<" element."<<endl;
    else
       cout<<"Not find!"<<endl;
    return 0;
}
```

【代码解析】描述一个单链表只需用一个指向单链表头节点的指针，所以单链表类的数据成员只有一个，其成员函数包括构造函数、析构函数以及完成单链表插入、删除、查找、求长度、输出操作的函数。这里需要特别强调的是，此类的析构函数是必须要写的，以便释放整个链表所占用的内存空间。该题目的重点测试知识点为单链表类的声明，单链表类构造函数、析构函数及基本操作的实现。

9. 程序的参考代码如下。

```
#include <iostream>
using namespace std;
class intStack
{public:
    intStack (int size = 10);        //构造函数
    ~intStack ();                    //析构函数
    bool Push(int elem);             //入栈操作
    bool Pop(int &elem);             //出栈操作
    int Length( ) const;             //获取栈中元素的个数
private:
    int *data;                       //指向动态数组的指针
    int top;                         //栈顶指针
    int size;                        //堆栈的容量
};
intStack::intStack(int size)
{     if ( size <= 0 )
      {  cerr<<"Invalid Array Size"<<endl; return; }
      data = new int[size];
      if ( data == NULL )
      {  cerr<<"Memory Allocation Error"<<endl; return; }
      else
      {  this->size = size; top = -1; }
}
intStack::~intStack(){delete data; }
bool intStack::Push(int elem)
{     if (top == size - 1)
      {     cout<<"Stack is Full! Don't push data!"<<endl;
            return false;
      }
      else
      {  data[++top] = elem;
         cout<<elem<<" is pushed!"<<endl;
         return true;
      }
}
bool intStack::Pop(int &elem)
{     if (top == -1)
```

```
    {   cout<<"Stack is Empty! Don't pop data!"<<endl;
        return false;
    }
    else
    {   elem = data[top]; top -- ; return true; }
}
int intStack::Length( ) const{ return top; }
int main()
{   intStack s(5);
    for (int i = 0; i<5; i++)
        if ( ! s.Push(i) ) break;
    int elem;
    for (i = 0; i<5; i++)
        if ( ! s.Pop(elem) ) break;
        else cout<<elem<<" is poped! "<<endl;
    cout<<endl;
    return 0;
}
```

【代码解析】描述一个用动态数组实现的顺序栈需要3项数据:指向动态数组首地址的指针、栈顶指针和栈的容量,所以顺序栈类的数据成员有3个,其成员函数包括构造函数、析构函数以及完成入栈、出栈操作的函数、求栈中元素个数的函数,这里需要特别强调的是,此类的析构函数是必须要写的,以便释放整个栈所占用的内存空间。该题目的重点测试知识点为顺序栈类的声明,顺序栈类构造函数、析构函数及基本操作的实现。

实验 4　继承与组合

一、实验目的

1. 了解继承在面向对象程序设计中的重要作用。
2. 进一步理解继承与派生的概念。
3. 掌握通过继承派生出一个新类的方法。
4. 了解虚基类的作用和用法。
5. 掌握类的组合。

二、实验内容

1. 请先阅读下面的程序，分析程序运行的结果，然后再上机运行程序，验证自己分析的结果是否正确。

程序 1

```
#include <iostream>
using namespace std;
class A
{public:
    A(){ cout<<"A::A() called.\n"; }
    ~A(){ cout<<"A::~A() called.\n"; }
};
class B: public A
{public:
     B(int i)
     {     cout<<"B::B() called.\n";
           buf = new char[i];
     }
     virtual ~B()
     {     delete []buf;
           cout<<"B::~B() called.\n";
     }
private:
    char *buf;
};
```

```
int main()
{
    B b(10);
    return 0;
}
```

程序 2

```
#include<iostream>
using namespace std;
class A{
public:
    A(int a, int b): x(a), y(b){ cout<<"A constructor..."<<endl; }
    void Add(int a, int b){ x+=a; y+=b;}
    void display(){ cout<<"("<<x<<","<<y<<")"; }
    ~A(){cout<<"destructor A..."<<endl;}
private:
    int x, y;
};
class B: private A{
private:
    int i, j;
    A Aobj;
public:
    B(int a, int b, int c, int d): A(a, b), i(c), j(d), Aobj(1, 1)
    { cout<<"B constructor..."<<endl; }
    void Add(int x1, int y1, int x2, int y2)
    {
        A::Add(x1, y1);
        i+=x2; j+=y2;
    }
    void display(){
        A::display();
        Aobj.display();
        cout<<"("<<i<<","<<j<<")"<<endl;
    }
    ~B(){cout<<"destructor B..."<<endl;}
};
int main()
{
```

```
    B b(1, 2, 3, 4);
    b.display();
    b.Add(1, 3, 5, 7);
    b.display();
    return 0;
}
```

程序 3

```
#include<iostream>
using namespace std;
class A{
public:
    A(int a): x(a){ cout<<"A constructor..."<<x<<endl; }
    int f(){ return ++x; }
    ~A(){ cout<<"destructor A..."<<endl; }
private:
    int x;
};
class B: public virtual A{
private:
    int y;
    A Aobj;
public:
    B(int a, int b, int c): A(a), y(c), Aobj(c)
    { cout<<"B constructor..."<<y<<endl; }
    int f(){
        A::f();
        Aobj.f();
        return ++y;
    }
    void display(){ cout<<A::f()<<"\t"<<Aobj.f()<<"\t"<<f()<<endl; }
    ~B(){ cout<<"destructor B..."<<endl; }
};
class C: public B{
public:
    C(int a, int b, int c): B(a, b, c), A(0){ cout<<"C constructor..."<<endl; }
};
class D: public C, public virtual A{
public:
```

```
    D(int a, int b, int c): C(a, b, c), A(c){ cout<<"D constructor..."<<endl; }
    ~D(){ cout<<"destructor D..."<<endl; }
};
int main()
{
    D d(7, 8, 9);
    d.f();
    d.display();
    return 0;
}
```

程序 4

```
#include <iostream>
using namespace std;
class Base1
{public:
   Base1(){cout<<"class Base1!"<<endl;}
};
class Base2
{public:
   Base2(){cout<<"class Base2!"<<endl; }
};
class Level1: public Base2, virtual public Base1
{public:
   Level1(){ cout<<"class Level1!"<<endl; }
};
class Level2: public Base2, virtual public Base1
{
public:
   Level2(){ cout<<"class Level2!"<<endl; }
};
class TopLevel: public Level1, virtual public Level2
{public:
   TopLevel(){ cout<<"class TopLevel!"<<endl; }
};
int main()
{
   TopLevel obj;
   return 0;
```

}

2. 某出版系统发行图书和磁带，利用继承设计管理出版物的类。要求如下：建立一个基类 Publication 存储出版物的标题 title、出版物名称 name、单价 price 及出版日期 date。用 Book 类和 Tape 类分别管理图书和磁带，它们都从 Publication 类派生。Book 类具有保存图书页数的数据成员 page，Tape 类具有保存播放时间的数据成员 playtime。每个类都有构造函数、析构函数，且都有用于从键盘获取数据的成员函数 inputData()，用于显示数据的成员函数 display()。

3. 分别定义教师类 Teacher 和干部类 Cadre，采用多重继承的方式由这两个类派生出新类 Teacher_Cadre（教师兼干部类）。要求：

(1) 在两个基类中都包含姓名、年龄、性别、地址、电话数据成员。

(2) 在 Teacher 类中还包含数据成员职称 title，在 Cadre 类中还包含数据成员职务 post，在 Teacher_Cadre 类中还包含数据成员工资 wage。

(3) 对两个基类中的姓名、年龄、性别、地址、电话数据成员用相同的名字，在访问这类数据成员时，指定作用域。

(4) 在类体中声明成员函数，在类外定义成员函数。

(5) 在派生类 Teacher_Cadre 的成员函数 show 中调用 Teacher 类中的 display 函数，输出姓名、年龄、性别、地址、电话，然后再用 cout 语句输出职务和工资。

4. 按下列要求编写程序。

(1) 定义一个分数类 Score。它有 3 个数据成员：

```
Chinese          //语文课成绩
English          //英语课成绩
Mathematics      //数学课成绩
```

2 个构造函数：无参的和带参数的。

3 个成员函数：是否带参数根据需要自定。

```
sum()            //计算三门课总成绩
print()          //输出三门课成绩和总成绩
modify()         //修改三门课成绩
```

(2) 定义一个学生类 Student。它有 3 个数据成员：

```
Num              //学号
Name             //姓名
MyScore          //成绩
```

2 个构造函数：无参的和带参数的

3 个成员函数：是否带参数根据需要自定。

```
sum()            //计算某学生三门课总成绩
print()          //输出某学生学号、姓名和成绩
modify()         //修改某学生学号、姓名和成绩
```

(3) 在主函数中，先定义一个学生类对象数组，再通过 for 循环给对象数组赋上实际值，最后输出对象数组各元素的值。

5. 编写一个程序实现小型公司的人员信息管理系统。该公司雇员(employee)包括经理(manager)、技术人员(technician)、销售员(salesman)和销售部经理(salesmanager)。要求存储这些人员的姓名、编号、级别、当月薪水,计算月薪并显示全部信息。

程序要对所有人员有提升级别的功能。为简单起见,所有人员的初始级别均为1,然后进行升级,经理升为4级,技术人员和销售部经理升为3级,销售员仍为1级。

月薪计算办法是:经理拿固定月薪8 000元,技术人员按每小时100元领取月薪,销售员按该当月销售额4%提成,销售经理既拿固定月工资也领取销售提成,固定月工资为5 000元,销售提成为所管辖部门当月销售额的5‰。

三、实验内容解析

1. 程序运行结果。

程序1的运行结果如下:

```
A::A() called.
B::B() called.
B::~B() called.
A::~A() called.
```

程序运行结果解析:

当系统执行到main()里的由派生类B定义派生类对象b的语句时,系统会自动调用派生类B的构造函数。

派生类B构造函数的执行过程:

① 最先调用基类A的构造函数,在屏幕上输出A::A() called。

② 再执行派生类B构造函数的函数体,在屏幕上输出B::B() called。

当main() 运行结束,系统要释放派生类对象b。在释放派生类对象b之前,系统会自动调用派生类B的析构函数。

派生类B析构函数的执行过程:

① 最先执行派生类B的析构函数,在屏幕上输出B::~B() called。

② 再调用基类A的析构函数,在屏幕上输出A::~A() called。

该题目的重点测试知识点为派生类构造函数和析构函数的执行顺序。

程序2的运行结果如下:

```
A constructor...
A constructor...
B constructor...
(1,2) (1,1) (3,4)
(2,5) (1,1) (8,11)
destructor B...
destructor A...
destructor A...
```

程序3的运行结果如下:

```
A constructor...9
```

```
A constructor...9
B constructor...9
C constructor...
D constructor...
12 12 11
destructor D...
destructor B...
destructor A...
destructor A...
```

程序运行结果解析：当系统执行到 main()里的由派生类 D 定义派生类对象 d 的语句时，系统会自动调用派生类 D 的构造函数。

对于由虚基类 A 派生的派生类 D 构造函数的执行过程：

① 调用虚基类 A 的构造函数，对 d 从基类继承过来的数据成员 x 进行初始化，此时 x 的值为 9，并在屏幕上输出 A constructor...9；调用其直接基类 C 的构造函数。在对其所有基类构造函数的调用都执行完毕后，最后执行派生类 D 的构造函数的函数体。

② 执行基类 C 的构造函数，此函数调用其直接基类 B 的构造函数，调用虚基类 A 的构造函数。此时系统只会去执行基类 B 的构造函数，忽略执行虚基类 A 的构造函数。在对基类 B 构造函数的调用执行完毕后，再执行类 C 的构造函数的函数体。

③ 执行基类 B 的构造函数，此函数调用其虚基类 A 的构造函数，调用子对象 Aobj 的构造函数，并把 d 从基类 B 继承的数据成员 y 的值初始化为 9。此时系统忽略执行虚基类 A 的构造函数，只会去执行子对象 Aobj 的构造函数。在对子对象 Aobj 的构造函数的调用执行完毕后，再执行类 B 的构造函数的函数体。

④ 执行子对象 Aobj 的构造函数，对其数据成员 x 进行初始化，此时 x 的值为 9，并在屏幕上输出 A constructor...9。

⑤ 执行类 B 的构造函数的函数体，在屏幕上输出 B constructor...9。

⑥ 执行类 C 的构造函数的函数体，在屏幕上输出 C constructor...。

⑦ 执行派生类 D 的构造函数的函数体，在屏幕上输出 D constructor...。

当系统执行派生类对象 d 的 f()成员函数时，对 d 的数据成员 x、y 和其子对象 Aobj 的数据成员 x 进行加 1 操作。

当系统执行派生类对象 d 的 display()成员函数时，继续对 d 的数据成员 x、y 和其子对象 Aobj 的数据成员 x 进行累加操作，并显示累加结果。

当 main() 运行结束，系统要释放派生类对象 d，在释放派生类对象 d 之前，系统会自动调用派生类 D 的析构函数。其析构函数的执行顺序与其构造函数的执行顺序正好相反。

由虚基类 A 派生的派生类 D 的析构函数的执行过程：

① 最先执行派生类 D 的析构函数，在屏幕上输出 destructor D...

② 再执行派生类 B 的析构函数，在屏幕上输出 destructor B...

③ 再调用子对象 Aobj 的析构函数，在屏幕上输出 destructor A...

④ 最后调用基类 A 的析构函数，在屏幕上输出 destructor A...

该题目的重点测试知识点为虚基类的派生类的构造函数的书写规则，以及此种派生类构造和析构函数的执行顺序。

【特别提醒】

在虚基类的所有派生类的构造函数的参数初始化表中都要写对虚基类构造函数的调用。不过，C＋＋编译系统只执行最后的派生类对虚基类的构造函数的调用，而忽略虚基类的其他派生类对虚基类的构造函数的调用，这就保证了虚基类的数据成员不会被多次初始化。

程序 4 的运行结果如下：

```
class Base1!
class Base2!
class Level2!
class Base2!
class Level1!
class TopLevel!
```

程序运行结果解析：派生类构造函数调用的次序有 3 个原则：

① 同一层中虚基类的构造函数在非虚基类的构造函数之前调用。

② 若同一层中包含多个虚基类，则这些虚基类的构造函数按它们说明的次序调用。

③ 若虚基类由非虚基类派生出来，则仍然先调用基类构造函数，再按派生类中构造函数的执行顺序调用。

派生类的析构函数调用的次序与构造函数的正好相反。如果存在虚基类时，在析构函数的调用过程中，同一层对普通基类析构函数的调用总是优先于虚基类的析构函数。

根据以上原则分析构造函数的执行过程：

① 在 main()中定义 TopLevel 类对象 topobj，需要执行构造函数。而 TopLevel 类是 Level1 类和 Level2 类的公用派生类，因此应先执行基类的构造函数，TopLevel 类的构造函数最后执行。在其基类中，Level2 类为虚基类，尽管 Level1 在 Level2 之前声明，但是执行时还是 Level2 先执行。在这个层次上构造函数的调用可按顺序分为三大段，即 Level2、Level1、TopLevel。

② Level2 类是 Base1 类和 Base2 类的派生类，Base1 类为虚基类，且 Base1、Base2 均不再是派生类，则第一段构造函数的执行顺序是 Base1()，Base2()，Level2()。

③ Level1 类是 Base1 类和 Base2 类的派生类，Base1 类为虚基类，且 Base1 类和 Base2 类再没有基类，则第二段构造函数的执行顺序为 Base()1，Basc2()，Level1()。由于 Base1 类为 Level1 和 Level2 的虚基类，Level1 和 Level2 共用 Base1 的一个实例，且这个实例在 Level2 中已初始化，在这里 Base1()就不再需要执行，因此第二段构造函数的调用次序为 Base2()，Level1()。

结合上述分析，整个 Topobj 对象各个构造函数的执行顺序为：

Base1(),Base2(),Level2(),Base2(),Level1(),TopLevel()。

该题目的重点测试知识点为较复杂派生类的构造函数执行顺序。

2. 程序的参考代码如下。

```
#include <iostream>
using namespace std;#include <string>
class Date //日期类
{public:
    Date(){ year=0; month=0; day=0; }
    Date(int y, int m, int d);
    Date(Date &d);
    ~Date();
    void SetDate(int y, int m, int d);
    void ShowDate();
private:
    int year, month, day;
};
Date::Date(int y, int m, int d){     year=y; month=m; day=d; }
Date::Date(Date &d){     year=d.year; month=d.month; day=d.day; }
Date::~Date(){}

void Date::SetDate(int y,int m,int d)
{     year=y; month=m; day=d; }
void Date::ShowDate()
{     cout<<year<<"年"<<month<<"月" <<day<<"日"<<endl; }
class Time //时间类
{public:
    Time(){hour=0; minute=0; second=0;}
    Time(int h, int m, int s);
    Time(Time &t);
    ~ Time();
    void SetTime(int h, int m, int s);
    void ShowTime();
private:
    int hour, minute, second;
};
Time::Time(int h, int m, int s){hour=h; minute=m; second=s; }
Time::Time(Time &t){ hour=t.hour; minute=t.minute; second=t.second; }
Time::~Time(){}
```

```
void Time::SetTime(int h, int m, int s){ hour = h; minute = m; second = s; }
void Time::ShowTime()
{     cout<<hour<<"小时"<<minute<<"分钟"<<second<<"秒(播放时
长)"<<endl; }
class Publication          //出版物类
{public:
    Publication(){ title = "no title"; name = "no name"; price = 0; }
    Publication(string title, string name, float price, int y, int m, int d);
    ~Publication();
    void inputData();
    void display();
private:
     string title;          //标题
     string name;           //出版物名称
     float price;           //单价
     Date date;             //出版日期
};
Publication::Publication(string title, string name, float price, int y, int m, int d)
: title(title), name(name), price(price), date(y, m, d){}
Publication::~Publication(){}
void Publication::inputData()
{     cin>>title>>name>>price;
      int year, month, day;
      cin>>year>>month>>day;
      date.SetDate(year, month, day);
}
void Publication::display()
{     cout<<"title = "<<title<<endl;
      cout<<"name = "<<name<<endl;
      cout<<"price = "<<price<<endl;
      cout<<"date = ";
      date.ShowDate();
}
class Book: public Publication //图书类
{public:
      Book(){page = 0;}
      Book(string title, string name, float price, int y, int m, int d, int page);
      ~ Book();
```

```
        void inputData();
        void display();
    private:
        int page; //图书页数
    };
    Book::Book(string title, string name, float price, int y, int m, int d, int page)
    : Publication(title, name, price, y, m, d){  this->page = page;  }
    Book::~Book(){}
    void Book::inputData()
    {   Publication::inputData();
        cin>>page;
    }
    void Book::display()
    {   Publication::display();
        cout<<"page = "<<page<<endl;
    }
    class Tape: public Publication //磁带类
    {public:
        Tape(){}
        Tape(string title, string name, float price, int y, int m, int d, Time
        playtime);
        ~ Tape();
        void inputData();
        void display();
    private:
        Time playtime; //播放时长
    };
    Tape::Tape(string title, string name, float price, int y, int m, int d, Time
playtime): Publication(title, name, price, y, m, d), playtime(playtime){}
    Tape::~Tape(){}
    void Tape::inputData()
    {   Publication::inputData();
        int hour, minute, second;
        cin>>hour>>minute>>second;
        playtime.SetTime(hour, minute, second);
    }
    void Tape::display()
    {   Publication::display();
```

```
    cout<<"playtime=";
    playtime.ShowTime();
}
int main()
{   Book book1("教材","C++程序设计",30.00,2009,6,1,300);
    book1.display();
    cout<<endl;
    Time time1(30,10,20);
    Tape tape1("磁带","C++程序设计视频",10.00,2009,8,1,time1);
    tape1.display();

    Book book2;
    cout<<"Please input title, name, price, publication date(year month
    day) ,page of a book:";
    cout<<endl;
    book2.inputData();
    book2.display();
    cout<<endl;
    cout<<"Please input title, name, price, publication date(year month
    day) ,playtime of a tape:"
    cout<<endl;
    Tape tape2;
    tape2.inputData();
    tape2.display();
    return 0;
}
```

【代码解析】在C++中,并没有日期和时间这两种标准数据类型,上述代码中的Date类和Time类是为了定义出版物的出版日期和磁带的播放时间而设计的类。Date类和Publications类之间、Time类和Tape类之间是组合关系,Book类和Tape类与Publications类之间是继承关系。程序中的main()函数是为了测试这四个类而写的。此题要注意包含子对象的派生类的构造函数的书写规则。该题目的重点测试知识点为类的继承与组合。

3. 程序的参考代码如下。

```
#include<string>
#include <iostream>
using namespace std;
class Teacher
{public:
```

```
    Teacher(string nam, int a, char s, string tit, string ad, string t);
    void display();
protected:
     string name;        //姓名
     int age;            //年龄
     char sex;           //性别
     string title;       //职称
     string addr;        //地址
     string tel;         //电话
};
Teacher::Teacher(string nam, int a, char s, string tit, string ad, string t)
: name(nam), age(a), sex(s), title(tit), addr(ad), tel(t){ }
void Teacher::display()
{    cout<<"name:"<<name<<endl;
     cout<<"age"<<age<<endl;
     cout<<"sex:"<<sex<<endl;
     cout<<"title:"<<title<<endl;
     cout<<"address:"<<addr<<endl;
     cout<<"tel:"<<tel<<endl;
}

class Cadre
{public:
    Cadre(string nam, int a, char s, string p, string ad, string t);
    void display();
protected:
     string name;        //姓名
     int age;            //年龄
     char sex;           //性别
     string post;        //职务
     string addr;        //地址
     string tel;         //电话
};

Cadre::Cadre(string nam, int a, char s, string p, string ad, string t)
: name(nam), age(a), sex(s), post(p), addr(ad), tel(t){}
void Cadre::display()
{    cout<<"name:"<<name<<endl;
```

```
        cout<<"age:"<<age<<endl;
        cout<<"sex:"<<sex<<endl;
        cout<<"post:"<<post<<endl;
        cout<<"address:"<<addr<<endl;
        cout<<"tel:"<<tel<<endl;
    }
    class Teacher_Cadre: public Teacher,public Cadre
    {public:
        Teacher_Cadre(string nam, int a, char s, string tit, string p, string ad,
string t, float w);
        void show( );
    private:
        float wage;          //工资
    };
    Teacher_Cadre::Teacher_Cadre(string nam, int a, char s, string t, string p,
string ad, string tel,float w)
    : Teacher(nam, a, s, t, ad, tel), Cadre(nam, a, s, p, ad, tel), wage(w) {}
    void Teacher_Cadre::show( )
    {   Teacher::display();
        cout<<"post:"<<Cadre::post<<endl;
        cout<<"wages:"<<wage<<endl;
    }
    int main( )
    {
        Teacher_Cadre te_ca("Wang - li", 50, 'f', "prof.", "president"," 135 Bei-
jing Road, Shanghai", "(021)61234567", 1534.5);
        te_ca.show( );
        return 0;
    }
```

【代码解析】根据题干，Teacher 类和 Cadre 类中都有哪些数据成员比较清楚，至于成员函数都有哪些，根据题目要求，这两个类中至少要有构造函数和 display( ) 函数。Teacher_Cadre 类由 Teacher 类和 Cadre 类派生，在 Teacher_Cadre 类中只写出其新增数据成员 wage，还有用于显示其所有数据成员值的 show()。为了简化程序代码，所有类的构造函数这里都只写了一个，没有对构造函数进行重载。main()函数里写对 Teacher 类、Cadre 类和 Teacher_Cadre 类进行测试的代码。由 Teacher_Cadre 类定义对象 te_ca 的语句可以对 3 个类的构造函数进行测试，通过 te_ca 对象名调用 show( ) 函数，可以对 show()函数和 display()函数进行测试。该题目的重点测试知识点为类的多重继承。

4.【重点测试知识点】类的组合、对象数组。以前在书写完成某一问题的 C++源程序代码时，都把所有代码放在一个.cpp 文件中。但是在本题中，把完成本题目的程序代码分开写。将类的声明(其中包含成员函数的声明)放在指定的头文件中，对类成员函数的的定义放在另外一个与指定的头文件名相同的.cpp 文件中。

【具体实验步骤】

(1) 创建一个名为 shiyan4_4 的工程。

(2) 在该工程中添加一个名为 score 的 C++头文件，在该文件中写入如下源程序代码。

```
//score.h,这是头文件,在此文件中进行类的声明
#if ! define SCORE_H
#define SCORE_H
class Score          //类声明
{public:             //公有成员函数原型声明
    Score();
    Score(float x1, float y1, float z1);
    float sum();
    void print();
    void modify(float x2, float y2, float z2);
private:
    float computer;
    float english;
    float mathematics;
};
#endif
```

(3) 在该工程中添加一个名为 score 的 C++源文件，在该文件中写入如下源程序代码。

```
//score.cpp,在此文件中进行类成员函数的定义
#include<iostream.h>
#include"score.h" //不要漏写此行,否则编译通不过
#include<iomanip.h>
Score::Score(){ computer = 0; english = 0; mathematics = 0;}
Score::Score(float x1, float y1, float z1){ computer = x1; english = y1; mathematics = z1; }
float Score::sum(){return (computer + english + mathematics);}
void Score::print()
{    cout<<setw(8)<<computer<<setw(8)<<english<<setw(8)<<
mathematics<<setw(8)<<sum();
}
void Score::modify(float x2,float y2,float z2){ computer = x2;english = y2;
mathematics = z2; }
```

(4) 编译此文件,检查有没有语法错误。若有,请改正,直至没有语法错误为止。

(5) 在该工程中添加一个名为 student 的 C++头文件,在该文件中写入如下源程序代码。

```
//student.h
#include"score.h" //在用到 Score 类的文件的头部都要有这个#include 命令行
class Student
{private:
    int number;
    char name[20];
    Score ascore;
public:
    Student();
    Student(int number1, char * pname1, float score1, float score2, float score3);
    float sum();
    void print();
    void modify(int number2, char * pname2, float score21, float score22,
float score23);
};
```

(6) 在该工程中添加一个名为 student 的 C++源文件,在该文件中写入如下源程序代码。

```
//student.cpp
#include<iostream.h>
#include"student.h"
#include<iomanip.h>
#include<string.h>
Student::Student():ascore(){number = 0; }
Student::Student(int number1, char * pname1, float score1, float score2,
float score3): ascore(score1, score2, score3)
{   number = number1;
    strncpy(name, pname1, sizeof(name));
    name[sizeof(name) - 1] = '\0';
}
float Student::sum(){ return (ascore.sum()); }
void Student::print()
{   cout<<endl;
    cout<<setw(8)<<number<<setw(8)<<name;
    ascore.print();
}
```

```
void Student:: modify ( int number2, char * pname2, float score21, float score22, float score23)
{     number = number2;
      strncpy(name, pname2, sizeof(name));
      name[sizeof(name) - 1] = '\0';
      ascore.modify(score21, score22, score23);
}
```

(7) 编译此文件,检查有没有语法错误。若有,请改正,直至没有语法错误为止。

(8) 在该工程中添加一个名为 main 的 C++源文件,在该文件中写入如下源程序代码。

```
//main.cpp,为了组成一个完整的C++源程序,还应当有包含主函数的源文件。
#include<iostream.h>
#include"student.h"
#include<iomanip.h>
const size = 3;
void main()
{     int numberi;
      char namei[20];
      float score1, score2, score3;
      Student aSA[size];
      for (int i = 0; i<size; i++)
      {     cout<<"please input the data of NO."<<i+1<<"student";
            cout<<"\number:";
            cin>>numberi;
            cout<<"name:";
            cin>>namei;
            cout<<"score of computer:";
            cin>>score1;
            cout<<"score of english:";
            cin>>score2;
            cout<<"score of mathematics:";
            cin>>score3;
            aSA[i].modify(numberi, namei, score1, score2, score3);
      }
      cout<<"\n\n";
      cout<<setw(8)<<"学号"<<setw(8)<<"姓名"<<setw(8)<<"计算机"
            <<setw(8)<<"英语"<<setw(8)<<"数学"<<setw(8)<<"总分";
      cout<<endl;
```

```
    for (int j = 0; j<size; j++)
        aSA[j].print();
    cout<<endl;
}
```

(9) 编译此文件,检查有没有语法错误。若有,请改正,直至没有语法错误为止。

(10) 连接、运行程序,并检查运行结果是否正确。

【代码解析】本程序代码中的 Score 类和 Student 类之间是一种组合关系,在书写 Student 类的构造函数时,别忘了在其构造函数的参数初始化表中写出对其子对象 ascore 构造函数的调用。本程序还演示了对象数组的定义与使用。该题目的重点测试知识点为类的组合和对象数组。

【特别提醒】

在面向对象的程序开发中,一般做法是将类的声明(其中包含成员函数的声明)放在指定的头文件中(一个头文件中可以放若干个常用的功能相近的类声明),对类成员函数的定义放在另外一个与指定的头文件名相同的.cpp 文件中。

这样的书写形式更有利于类代码的重用,也更容易实现类成员函数代码的隐藏,可以把类成员函数代码编译成目标文件保存起来。当其他用户要使用该类时,只提供类声明头文件和类成员函数目标文件,用户只要把它们装到 C++编译系统所在的子目录下,并在程序中用#include 命令行将有关的类声明的头文件包含到程序中,就可以使用这些类和其中的成员函数,顺利地运行程序。用户可以看到头文件中类的声明和成员函数的原型声明,但看不到定义成员函数的源代码,更无法修改成员函数的定义,类开发者的权益得到保护。

5. 程序的参考代码如下。

```
//employee.h
class employee
{protected:
    char * name;
    int individualEmpNo;
    int grade;
    float accumPay;
    static int employeeNo;
public:
    employee();
    ~employee();
    void pay();
    void promote(int);
    void displayStatus();
};
class technician: public employee
```

```
{private:
    float hourlyRate;
    int workHours;
public:
    technician();
    void pay();
    void displayStatus();
};
class salesman: virtual public employee
{protected:
    float CommRate;
    float sales;
public:
    salesman();
    void pay();
    void displayStatus();
};
class manager: virtual public employee
{protected:
    float monthlyPay;
public:
    manager();
    void pay();
    void displayStatus();
};
class salesmanager: public manager, public salesman
{public:
    salesmanager();
    void pay();
    void displayStatus();
};
//employee.cpp
#include <iostream.h>
#include <string.h>
#include "employee.h"
int employee::employeeNo = 1000;
employee::employee()
{   char namestr[50];
```

```
        cout<<"请输入下一个雇员的姓名:";
        cin>>namestr;
        name = new char[strlen(namestr) + 1];
        strcpy(name, namestr);
        individualEmpNo = employeeNo ++ ;
        grade = 1;
        accumPay = 0.0;
    }
    employee::~employee(){delete name; }
    void employee::pay(){}
    void employee::promote(int increment){grade += increment; }
    technician::technician(){ hourlyRate = 100; }
    void technician::pay()
    {     cout<<"请输入"<<name<<"本月的工作时数:";
          cin>>workHours;
          accumPay = hourlyRate * workHours;
          cout<<"兼职技术人员"<<name<<"编号"<<individualEmpNo<<"本月
工资"<<accumPay<<endl;
    }
    void technician::displayStatus()
    {     cout<<"兼职技术人员"<<name<<"编号"<<individualEmpNo<<"级别
为"<<grade<<"级,已付本月工资"<<accumPay<<endl;
    }
    salesman::salesman(){ CommRate = 0.004; }
    void salesman::pay()
    {     cout<<"请输入"<<name<<"本月的销售额:";
          cin>>sales;
          accumPay = sales * CommRate;
          cout<<"推销员"<<name<<"编号"<<individualEmpNo<<"本月工资"<
<accumPay<<endl;
    }
    void salesman::displayStatus()
    {     cout<<"推销员"<<name<<"编号"<<individualEmpNo<<"级别为"<<
grade<<"级,已付本月工资"<<accumPay<<endl;
    }
    manager::manager(){ monthlyPay = 8000; }
    void manager::pay()
    {     accumPay = monthlyPay;
```

```
        cout<<"经理"<<name<<"编号"<<individualEmpNo<<"本月工资"<<
accumPay<<endl;
    }
    void manager::displayStatus()
    {       cout<<"经理"<<name<<"编号"<<individualEmpNo<<"级别为"<<
grade<<"级,已付本月工资"<<accumPay<<endl;
    }
    salesmanager::salesmanager()
    {       monthlyPay = 5000; CommRate = 0.005; }
    void salesmanager::pay()
    {       accumPay = monthlyPay;
            cout<<"请输入"<<employee::name<<"所管辖部门本月销售总额:";
            cin>>sales;
            accumPay = monthlyPay + sales * CommRate;
            cout<<"销售经理"<<name<<"编号"<<individualEmpNo<<"本月工资"
<<accumPay<<endl;
    }
    void salesmanager::displayStatus()
    {       cout<<"推销经理"<<name<<"编号"<<individualEmpNo<<"级别为"<
<grade<<"级,已付本月工资"<<accumPay<<endl;
    }
    //main.cpp
    #include <iostream.h>
    #include "employee.h"
    int main()
    {       manager m1;
            technician t1;
            salesmanager sm1;
            salesman s1;
            m1.promote(3);
            m1.pay();
            m1.displayStatus();
            cout<<endl;
            t1.promote(2);
            t1.pay();
            t1.displayStatus();
            cout<<endl;
            sm1.promote(2);
```

```
    sm1.pay();
    sm1.displayStatus();
    cout<<endl;
    s1.pay();
    s1.displayStatus();
    return 0;
}
```

【代码解析】本题目的程序代码与上题类似，也是分开来写的。本程序代码中有 5 个类：employee 类、manager 类、technician 类、salesman 类和 salesmanager 类，其中 employee 类作为基类，体现了其他 4 个类的共性。对于 salesmanager 类，为了避免在该类中保留其间接公共基类 employee 类的多份同名成员，需要把 employee 类声明为虚基类。另外，本例中的作为基类的 employee 类、manager 类和 salesman 类的数据成员都声明为 protected，以方便其派生类的成员函数的调用。该题目的重点测试知识点为类的多重继承和虚基类的使用。

实验5　多态性与虚函数

一、实验目的

1. 了解多态性的概念。
2. 了解虚函数的作用及使用方法。
3. 了解静态关联和动态关联的概念和用法。
4. 了解纯虚函数和抽象类的概念和用法。

二、实验内容

1. 阅读下面的程序,写出程序运行的结果。

程序1

```
#include <iostream>
using namespace std;
class Base{
protected:
    int n;
public:
    Base (int m){ n = m++ ; }
    virtual void g1(){ cout<<"Base::g1()..."<<n<<endl; g4(); }
    virtual void g2(){ cout<<"Base::g2()..."<< ++n<<endl;g3(); }
    void g3(){ cout<<"Base::g3()..."<< ++n<<endl; g4(); }
    void g4(){ cout<<"Base::g4()..."<< ++n<<endl; }
};
class Derive: public Base{
    int j;
public:
    Derive(int n1,int n2): Base(n1){ j = n2; }
    void g1(){ cout<<"Deri::g1()..."<< ++n<<endl; g2(); }
    void g3(){ cout<<"Deri::g2()..."<< ++n<<endl; g4(); }
};
int main(){
    Derive Dobj(1, 0);
    Base Bobj = Dobj;
```

```
    Bobj.g1();
    cout<<"------------------"<<endl;
    Base *bp = &Dobj;
    bp->g1();
    cout<<"------------------"<<endl;
    Base &bobj2 = Dobj;
    bobj2.g1();
    cout<<"------------------"<<endl;
    Dobj.g1();
    return 0;
}
```

程序 2

```
#include <iostream>
using namespace std;
class A
{public:
    A(){ cout<<"A::A() called.\n"; }
    virtual ~A(){ cout<<"A::~A() called.\n"; }
};
  class B:public A
  {public:
     B(int i)
     {       cout<<"B::B() called.\n";
             buf = new char[i];
     }
     virtual ~B()
     {    delete []buf;
          cout<<"B::~B() called.\n";
     }
private:
    char *buf;
};
void fun(A *a)
{  cout<<"May you succeed!"<<endl;
   delete a;
}
int main()
{
```

```
    A *a=new B(15);
    fun(a);
    return 0;
}
```

2. 先建立一个点类 Point,包含数据成员 x,y(坐标点)。以它为基类,派生出圆类 Circle,增加数据成员 radius(半径),再以 Circle 类为直接基类,派生出圆柱体类 Cylinder,再增加数据成员 height(高)。要求:

(1) 每个类都有构造函数,用于从键盘获取数据的成员函数 set(),用于显示数据的成员函数 display()。

(2) 用虚函数实现各类对象信息的输入/输出。

3. 先建立一个职工类 Employee,包含数据成员 name(职工姓名),ID(职工编号)。以它为基类,派生出经理类 Manager 和技术人员类 Technician,在经理类中增加数据成员 salary(代表经理的月工资),在技术人员类中增加数据成员 wage(代表每小时的工资数)和 hours(月工作时数)。在定义类时,所有类中必须包含有构造函数、析构函数、修改和获取所有数据成员的函数,以及虚函数计算职工的工资,输出职工的信息。

4. 下列 shape 类是一个表示形状的抽象类,area()为求图形面积的函数,total()则是一个通用的用以求不同形状的图形面积总和的函数。请从 shape 类派生三角形类(triangle)、矩形类(rectangle),并给出具体的求面积函数。

三、实验内容解析

1. 实验内容 1 的实验步骤

程序 1:【重点测试知识点】虚函数、静态多态性、动态多态性。

在类中定义了虚函数后,只有通过基类指针或引用来访问虚函数才能体现动态多态性,通过对象名来访问虚函数体现的是静态多态性。

程序 1 的运行结果如下:

```
Base::g1()...1
Base::g4()...2
-------------------
Deri::g1()...2
Base::g2()...3
Base::g3()...4
Base::g4()...5
-------------------
Deri::g1()...6
Base::g2()...7
Base::g3()...8
Base::g4()...9
-------------------
```

```
Deri::g1()...10
Base::g2()...11
Base::g3()...12
Base::g4()...13
```

程序运行结果解析：

在 main()函数中，首先定义派生类 Derive 对象 Dobj，其数据成员 n、j 的初值分别为 1、0。

然后定义基类 Base 的对象 Bobj，并用其派生类对象 Dobj 对其进行初始化，故基类对象 Bobj 的数据成员 n 的初值为 1。调用对象 Bobj 的成员函数 g1()，在屏幕上输出 Base::g1()... 1。成员函数 g1()又调用成员函数 g4()，在屏幕上输出 Base::g2()... 2，此时基类对象 Bobj 的数据成员 n 的值为 2。执行语句 cout<<“----------------”<<endl；在屏幕上输出分隔线。

接下来定义基类 Base 类型的指针 bp，并让该指针指向派生类对象 Dobj。然后通过 bp 指针调用 g1()函数。由于 g1()函数在基类 Base 中被声明为虚函数，所以此时通过 bp 指针调用的是派生类 Derive 中的 g1()函数，在屏幕上输出 Deri::g1()... 2，此时派生类对象 Dobj 的数据成员 n 的值为 2。类 Derive 中的 g1()函数又调用其从基类继承过来的 g2()函数，在屏幕上输出 Base::g2()... 3，此时派生类对象 Dobj 的数据成员 n 的值为 3。g2()函数又调用基类中的 g3()函数，在屏幕上输出 Base::g3()... 4，此时派生类对象 Dobj 的数据成员 n 的值为 4。g3()函数又调用基类中的 g4()函数，在屏幕上输出 Base::g2()... 5，此时派生类对象 Dobj 的数据成员 n 的值为 5。语句 cout<<“----------------”<<endl；在屏幕上输出分隔线。

接下来定义基类 Base 类型的引用变量 bobj2，并使其成为派生类对象 Dobj 的别名。然后通过 bobj2 调用 g1()函数。由于 g1()函数在基类 Base 中被声明为虚函数，所以此时通过 bobj2 调用的是派生类 Derive 中的 g1()函数，在屏幕上输出 Deri::g1()... 6，此时派生类对象 Dobj 的数据成员 n 的值为 6。Derive 中的 g1()函数又调用其从基类继承过来的 g2()函数，在屏幕上输出 Base::g2()... 7，此时派生类对象 Dobj 的数据成员 n 的值为 7。g2()函数又调用基类中的 g3()函数，在屏幕上输出 Base::g3()... 8，此时派生类对象 Dobj 的数据成员 n 的值为 8。g3()函数又调用基类中的 g4()函数，在屏幕上输出 Base::g2()... 9，此时派生类对象 Dobj 的数据成员 n 的值为 9。语句 cout<<“----------------”<<endl；在屏幕上输出分隔线。

接下来通过派生类对象名 Dobj 调用 g1()函数，调用的肯定是派生类 Derive 中的 g1()函数，其执行过程与上面的类似。并在屏幕上依次输出：

```
Deri::g1()…10
Base::g2()…11
Base::g3()…12
Base::g4()…13
```

该题目的重点测试知识点为虚函数、静态多态性、动态多态性。在类中定义了虚函数后，只有通过基类指针或引用来访问虚函数才能体现动态多态性，通过对象名来访问虚函数体现的是静态多态性。

程序 2:【重点测试知识点】虚析构函数。

基类的析构函数通常要声明为虚函数,这将使该基类的所有派生类的析构函数自动成为虚函数。这样,如果程序中用 delete 运算符准备删除一个对象,而 delete 运算符的操作对象是指向派生类对象的基类指针(根据赋值兼容规则可以用基类指针指向派生类对象),则系统会采用动态关联,自动调用派生类的析构函数,对该对象进行清理工作。我们总是要求将类设计成通用的,无论其他程序员怎样调用都必须保证不出错,所以在程序中最好把基类的析构函数声明为虚函数。

程序 2 的执行结果如下:

```
A::A() called.
B::B() called.
May you succeed!
B::~B() called.
A::~A() called.
```

程序运行结果解析:

在 main()函数中,首先定义基类 A 类型的指针 a,并让该指针指向派生类对象。此时系统自动调用派生类的构造函数,派生类构造函数又调用基类构造函数,在屏幕上输出 A::A() called. 再执行派生类构造函数的函数体,在屏幕上输出 B::B() called.

接着调用 fun()函数,执行 fun()函数的函数体,在屏幕上输出 May you succeed!。在执行语句 delete a;时,通过基类指针释放派生类对象,由于基类 Base 的析构函数被声明为虚函数,此时系统先自动调用派生类的析构函数,释放派生类对象所占用的额外内存空间,并在屏幕上输出 B::~B() called. 再调用基类的析构函数。在屏幕上依次输出 A::~A() called.

该题目的重点测试知识点为虚析构函数。基类的析构函数通常要声明为虚函数,这将使该基类的所有派生类的析构函数自动成为虚函数。这样,如果程序中用 delete 运算符准备删除一个对象,而 delete 运算符的操作对象是指向派生类对象的基类指针(根据赋值兼容规则可以用基类指针指向派生类对象),则系统会采用动态关联,自动调用派生类的析构函数,对该对象进行清理工作。我们总是要求将类设计成通用的,无论其他程序员怎样调用都必须保证不出错,所以在程序中最好把基类的析构函数声明为虚函数。

2.【重点测试知识点】虚函数。

虚函数的作用是允许在派生类中重新定义与基类同名的函数,并且可以通过基类指针或引用来访问基类和派生类中的同名函数。使用虚函数提高了程序的可扩充性。

程序 2 的参考代码如下:

```
#include <iostream>
using namespace std;
#include <string>
class Point                                   //点类
{public:
```

```
    Point(int = 0, int = 0);                    //构造函数
    virtual ~Point(){}                          //析构函数
    virtual void set();                         //虚函数
    virtual void display();                     //虚函数
protected:
    int x,y;                                    //坐标点
};

Point::Point(int x, int y){ this->x = x; this->y = y; }
void Point::set()
{   cout<<"Please input the information of point(x, y): ";
    cin>>x>>y;
}
void Point:: display(){cout<<"x = "<<x<<" y = "<<y; }
class Circle: public Point                      //圆类
{public:
    Circle(int = 0, int = 0, int = 0);          //构造函数
    ~Circle(){}                                 //析构函数
    virtual void set();                         //重新定义虚函数
    virtual void display();                     //重新定义虚函数
protected:
    int radius;                                 //圆半径
};
Circle::Circle(int x, int y, int radius): Point(x, y){ this->radius = radius; }
void Circle::set()
{   cout<<"Please input the information of Circle(x, y, radius) : ";
    cin>>x>>y>>radius;
}
void Circle:: display(){ cout<<"x = "<<x<<" y = "<<y<<" radius = "<
<radius<<endl; }
class Cylinder: public Circle                   //圆柱体类
{public:
    Cylinder(int = 0, int = 0, int = 0, int = 0); //构造函数
    ~Cylinder(){}                               //析构函数
    virtual void set();                         //重新定义虚函数
    virtual void display();                     //重新定义虚函数
protected:
    int height;                                 //圆柱体的高
```

```
};
Cylinder::Cylinder(int x, int y, int radius, int height): Circle(x, y, radius)
{      this->height = height; }
void Cylinder::set()
{      cout<<"Please input the information of Cylinder(x, y, radius, height) :";
       cin>>x>>y>>radius>>height;
}
void Cylinder:: display()
{      cout<<"x ="<<x<<" y ="<<y<<" radius ="<<radius<<" height
="<<height<<endl; }
int main(){
       Point *p;                              //定义基类指针

       Point point;                           //定义基类对象
       p->display();
       p->set();
       p->display();

       Circle circle(0, 0, 3);                //定义派生类对象
       p = &circle
       p->display();
       p->set();
       p->display();

       Cylinder cylinder(0, 0, 3, 10);        //定义派生类对象
       p = &cylinder;
       p->display();
       p->set();
       p->display();
       return 0;
}
```

【代码解析】在基类 Point 中，将实现数据输入的成员函数 set()，实现数据输出的成员函数 display()声明为虚函数，并在其各派生类中分别进行重新定义，以实现派生类数据的输入/输出。在 main()函数中，通过指向基类对象的指针来访问基类和派生类对象中的同名函数，调用形式一致。注意：基类的析构函数一般都声明为虚析构函数，以实现撤销对象时的动态联编。该题目的重点测试知识点为虚函数。虚函数的作用是允许在派生类中重新定义与基类同名的函数，并且可以通过基类指针或引用来访问基类和派生类中的同名函数。使用虚函数提高了程序的可扩充性。

3. 程序3的参考代码如下。

```
#include <iostream>
using namespace std; #include <string>
class Employee                          //职工类
{public:
    Employee(char * , char * );         //构造函数
    virtual ~Employee(){}               //析构函数
    void setName();                     //修改姓名
    char * getName();                   //获取姓名
    void setID();                       //修改工号
    char * getID();                     //获取工号
    virtual float pay() = 0;            //计算职工的工资
    virtual void print() = 0;           //输出职工的信息
protected:
    char name[20];                      //姓名
    char id[20];                        //工号
};
Employee::Employee(char * name, char * id)
{   strcpy(this->name, name);
    strcpy(this->id, id);
}
void Employee:: setName()
{
    cout <<"Please enter employee's name: "<<endl;
    cin>>name;
}
char * Employee:: getName(){ return name; }
void Employee:: setID()
{
     cout <<"Please enter employee's ID: "<<endl;
     cin>>id;
}
char * Employee:: getID(){ return id; }
class Manager: public Employee
{public:
    Manager(char * name, char * id, float salary): Employee(name, id){ this
->salary = salary; }
```

```
        ~Manager(){}
        float pay(){ return salary; }
        void print(){ cout<<endl<<"name:"<<name<<" ID:"<<id<<" pay:
"<<pay()<<endl; }
    private:
        float salary;
    };

    class Technician: public Employee
    {public:
        Technician(char * name, char * id, int hours, float wage): Employee
        (name, id)
        {   this->hours = hours; this->wage = wage; }
        ~Technician(){}
        float pay(){return hours * wage;}
        void print()
        { cout<<endl<<"name:"<<name<<" ID:"<<id<<" pay:"<<pay()<<endl; }
    private:
        int hours;
        float wage;
    };

    int main()
    {   Employee * p;
        Manager manager("Zhang", "101", 9000);
        p = &manager;
        p->print();
        Technician technician("Zhang", "112", 8 * 29, 30);
        p = &technician;
        p->print();
        return 0;
    }
```

【代码解析】在抽出基类 Employee 中,实现计算职工工资的成员函数 pay()、输出职工信息的成员函数 print()都声明为纯虚函数。在各派生类中分别对 pay()和 print()进行实现,以实现派生类数据的输入/输出。基类的析构函数被声明为虚析构函数。在 main()函数中,通过指向基类对象的指针来访问基类和派生类对象中的同名函数 print(),调用形式一致。该题目的重点测试知识点为纯虚函数和抽象类。

4. 程序 4 的参考代码如下。

```
#include <cmath>
#include<iostream>
using namespace std;
const double PI = 3.1415926535;

class Shape                      //形状类
{public:
    virtual void show() = 0;     //纯虚函数
    virtual double area() = 0;   //纯虚函数
};

class Rectangle:public Shape     //矩形类
{public:
    Rectangle(){ length = 0; width = 0; }
    Rectangle(double len, double wid){ length = len; width = wid; }
    double area(){ return length * width; }          //定义纯虚函数求矩形面积
    void show(){ cout<<"length ="<<length<<'\t'<<"width ="<<width<<endl; }
                                             //定义纯虚函数输出矩形的长和宽
private:
    double length, width;        //矩形的长和宽
};

class Triangle: public Shape     //三角形类
{public:
    Triangle(){a = 0; b = 0; c = 0;}
    Triangle(double x, double y, double z){ a = x; b = y; c = z; }
    double area()                //定义纯虚函数求三角形面积
    {   double s = (a + b + c)/2.0;
        return sqrt(s * (s - a) * (s - b) * (s - c));
    }
    void show()                  //定义纯虚函数输出三角形的三边长
    {  cout<<"a ="<<a<<'\t'<<"b ="<<b<<'\t'<<"c ="<<c<<endl; }
private:
    double a, b, c;              //三角形的三边长
};
```

```
class Circle: public Shape        //圆类
{public:
    Circle(){radius = 0; }
    Circle(double r){radius = r;}
    double area(){return PI * radius * radius;}       //定义纯虚函数求圆面积
    void show(){cout<<"radius = "<<radius<<endl;}  //定义纯虚函数输
                                                       出圆半径
private:
    double radius;                //圆半径
};

void total(Shape *p[], int n)
{    double sum = 0;
     for (int i = 0; i<n; i++)
          sum += p[i]->area();
     cout<<"图形面积总和 = "<<sum<<endl;
}

int main()
{
     Shape *s;                    //定义基类指针 s
     Circle c(10);                //定义 Circle 类对象 c
     Rectangle r(6, 8);           //定义 Rectangle 类对象 r
     Triangle t(3, 4, 5);         //定义 Triangle 类对象 t
     c.show();                    //静态多态
     cout<<"圆面积:"<<c.area()<<endl;
     s = &r;                      //动态多态
     s->show();
     cout<<"矩形面积:"<<s->area()<<endl;
     s = &t;                      //动态多态
     s->show();
     cout<<"三角形面积:"<<s->area()<<endl;
     Shape *p[] = {&c, &r, &t};//定义基类指针数组 p,使它每一个元素指向一个
     派生类对象
     total(p, 3);
     return 0;
}
```

【代码解析】

(1) 在抽出基类 Shape 中,将输出数据的成员函数 show()、计算各种图形面积的成员函数 area()都声明为纯虚函数。在各派生类中分别对 show()和 area()进行实现,以实现派生类数据的输入和图形面积的计算。考虑到在基类中并没有数据成员需要输出,也不要求 area()函数返回具体面积,所以把 show()和 area()这两个函数声明为 Shape 类的纯虚函数为宜,此时 Shape 类为抽象类,不能用它定义对象。

(2) total()是一个普通函数,它的作用是求不同形状的图形面积总和,其形参有两个:基类指针数组形参和指示该数组大小的形参。其函数体中的 for 循环的作用是将 n 个派生类对象的面积累加。p[i]－>area()是调用基类指针数组 p 中第 i 个元素(是一个指向 Shape 类的指针)所指向的派生类对象的虚函数 area()。

该题目的重点测试知识点为纯虚函数和抽象类。

实验 6　面向对象的妥协

一、实验目的

1. 掌握友元的概念、友元函数的定义与使用方法。
2. 掌握静态数据成员与静态成员函数的定义与使用方法。

二、实验内容

1. 设计并测试点类 Point，其数据成员是平面直角坐标系的点坐标，友元函数distance用来计算两点间的距离。

2. 设计一个书类 Book，能够保存书名、定价，所有书的本数和总价。

三、实验内容解析

1. 程序的参考代码如下：

```
#include <iostream>
using namespace std;
#include <cmath>
class Point
{public:
      Point(int = 0, int = 0);
      void Set();
      void Show();
      friend void Distance(Point, Point);
private:
      int x, int y;
 };
Point::Point(int x, int y){ this->x = x; this->y = y; }
void Point::Set()
{     cout<<"Please input the coordinate of a point:";
      cin>>x>>y;
}
void Point::Show(){ cout<<"(x, y) ="<<"("<<x<<","<<y<<")"<<endl; }
void Distance(Point p1, Point p2)
{     float d = sqrt((p2.x - p1.x) * (p2.x - p1.x) + (p2.y - p1.y) * (p2.y - p1.y));
```

```
    cout<<"The distance is:"<<d<<endl;
}
int main()
{   Point p1(1, 2), p2(3, 4);
    p1.Show();
    p2.Show();
    Distance(p1, p2);
    return 0;
}
```

【代码解析】在上述程序代码中，用来计算两点间的距离的 Distance()函数作为 Point 类外的一个普通函数，为了使其能够访问 Point 类的私有成员 x、y，必须将其声明为 Point 类的友元函数。但要注意 Distance()函数在访问 Point 类的私有数据成员 x、y 时，前面必须加上对象名，故 Distance()函数有两个 Point 类型的形参，在 main()函数中调用 Distance()函数时，其实参为两个 Point 类对象 p1、p2，从而可以计算 p1 和 p2 两点之间的距离。该题目的重点测试知识点为友元函数。

2. 程序的参考代码如下：

```
#include <iostream>
using namespace std;
class Book{
private:
    char bkName[20];
    double price;
    static int number;
    static double totalPrice;
public:
    Book(char *,double);
    ~Book();
    double getPrice(){ return price; }
    char * getName(){ return bkName; }
    static int getNumber(){ return number; }
    static double getTotalPrice(){ return totalPrice; }
    void display();
};
Book::Book(char *name,double Price) //构造函数,可以访问静态和非静态成员
{   strcpy(bkName,name);
    price=Price;
    number++;
    totalPrice+=price;
```

```
}
Book::~Book()
{     number--;              //析构一本书就减少书的本数
      totalPrice -= price;   //析构一本书就减少书的总价
}
//此函数仅是一个验证,表示非静态成员函数可以访问静态的数据和函数成员
void Book::display(){
      cout<<"book name :"<<bkName<<" "<<"pirce :" <<price<<endl;
      cout<<"number:" <<number<<" "<<"totalPrice: "<<totalPrice<<endl;
      cout<<"call static function "<<getNumber()<<endl;
}
//初始化静态数据成员
int Book::number = 0;
double Book::totalPrice = 0;
int main(){
      Book b1("C++ 程序设计", 32.5);
      Book b2("数据库系统原理", 23);
      cout<<b1.getName()<<"\t"<<b1.getPrice()<<endl;
      cout<<b2.getName()<<"\t"<<b2.getPrice()<<endl;
      cout<<"总共:" <<b1.getNumber() <<"\t 本书"<<"\t 总价:" <<b1.
getTotalPrice() <<"\t 元"<<endl;
      {
            Book b3("数据库系统原理",23);
            cout<<"总共:" <<b1.getNumber()<<"\t 本书"<<"\t 总价:"<
<b1.getTotalPrice()<<"\t 元"<<endl;
      }
      //b3 生存期结束
      cout<<"总共:" <<Book::getNumber() <<"\t 本书"<<"\t 总价:"<<
Book::getTotalPrice()<<"\t 元"<<endl;
      b2.display();
      return 0;
}
```

【代码解析】在上述程序代码中,number 和 totalPrice 作为 Book 类的静态数据成员分别用来存储所有书的本数和总价,它们可以被 Book 类的所有对象共享。静态数据成员必须在类外进行初始化。非静态成员函数(如 display()函数)既可以访问静态数据成员,也可以访问非静态数据成员,而静态成员函数(如 getNumber()函数、getTotalPrice()函数)一般只是为了访问静态数据成员而设立的。该题目的重点测试知识点为类的静态成员。

实验 7　运算符重载

一、实验目的

1. 掌握运算符重载的规则。
2. 掌握几种常用的运算符重载的方法。
3. 了解转换构造函数的使用方法。
4. 了解在 Visual C＋＋ 6.0 环境下进行运算符重载要注意的问题。

二、实验内容

1. 阅读下面的程序,写出程序运行的结果。

程序 1

```
#include<iostream.h>
class ABC{
    int a, b, c;
public:
    ABC(int x, int y, int z): a(x), b(y), c(z){}
    friend ostream &operator<<(ostream &out, ABC& f);
};
ostream &operator<<(ostream &out, ABC& f)
{
    out<<"a="<<f.a<<endl<<"b="<<f.b<<endl<<"c="<<f.c<<endl;
    return out;
}
int main(){
    ABC obj(10, 20, 30);
    cout<<obj;
    return 0;
}
```

程序 2

```
#include<iostream.h>
class Number{
    int n;
public:
```

```
        Number(int x): n(x){}
        Number& operator ++ (){ ++n; return *this; }
        Number& operator ++ (int){n++; return *this; }
        friend Number &operator -- (Number &o);
        friend Number &operator -- (Number o,int);
        void display(){cout<<"This Number is: "<<n<<endl;}
    };
    Number &operator -- (Number &o){ --o.n; return o; }
    Number &operator -- (Number o,int){ o.n--; return o; }
    int main(){
        Number N1(10);
        ++ ++ ++N1;
        N1.display();
        N1++;
        N1.display();
        --N1;
        N1.display();
        N1-- -- --;
        N1.display();
        return 0;
    }
```

2. 设计并实现一个日期类 Date,要求:

(1) 可以建立具有指定日期(年、月、日)的 Date 对象,默认日期是 2000.1.1。

(2) 可以从输出流输出一个格式为"年-月-日"的日期,其中年是四位数据,月、日可以是一位也可以是两位数据。

(3) 可以动态地设置年、月、日。

(4) 可以用运算符"=="对两个日期进行是否相等的比较。

(5) 可以用运算符"++"、"--"、"+="、"-="等完成天数的加减一天或若干天的操作。

(6) Date 类必须能够正确表达日期,不会出现类似于 13 月、32 日一类的情况。Date 类还必须处理闰年的问题,闰年包括:所有能被 400 整除的年份,以及能被 4 整除同时又不能被 100 整除的年份。

(7) 写出主函数对该类进行测试。

3. 下面是一个数组类 CArray 的定义,其中已给出了其部分成员函数的实现代码。要求:

(1) 给出 print()成员函数的类外定义,以打印数组。

(2) 重载"="、"+"、"-" 运算符使之能对该数组类对象进行赋值、加减运算。

(3) 写出主函数对该类进行测试。

```
class CArray
{private:
      int * p_arr;
      int size;
public:
      CArray();                          //默认构造函数
      CArray(int * p_a, int s);          //构造函数
      CArray(const CArray &r_other);     //复制构造函数
      ~CArray();                         //析构函数
      int operator[](int pos) const;     //访问数组元素值的下标运算符重载函数
      int& operator[](int pos);          //设置数组元素值的下标运算符重载函数
      Carray &operator = (const Carray &other)//赋值运算符"="重载函数
      Carray &operator + (const Carray &other)//加运算符"+"重载函数
      Carray &operator - (const Carray &other)//减运算符"-"重载函数
      void print() const;
};
CArray:: CArray() { p_arr = NULL; size = 0;}
CArray:: CArray(int * p_a, int s)
{     if (s>0)
      {     size = s; p_arr = new int[size];
            for (int i = 0; i<size; i++ ) p_arr[i] = p_a[i];
      }
      else
      { p_arr = NULL; size = 0; }
}
CArray::CArray(const CArray &r_other)
{     size = r_other.size;
      if (size)
      {     p_arr = new int[size];
            for (int i = 0; i<size; i++ ) p_arr[i] = r_other.p_arr[i];
      }
}
CArray::~CArray()
{     if (p_arr) delete[] p_arr;
      p_arr = NULL; size = 0;
}
int CArray::operator[](int pos) const
{     if (pos> = size) return p_arr[size-1];
```

```
    If (pos<0) return p_arr[0];
    return p_arr[pos];
}
int& CArray::operator[](int pos)
{   if (pos>=size) return p_arr[size-1];
    if (pos<0) return p_arr[0];
    return p_arr[pos];
}
```

4. 下面是一个自定义字符串类的声明。请写出该类所有成员函数的类外定义代码。

```
class string
{private:
    unsigned buflen;
    char * buffer;
public:
    string();//构造函数
    string(unsigned);
    string(char);
    string(const char * );
    string(const string &);//复制构造函数
    ~string();//析构函数
    //重载赋值运算符
    string& operator=(const string &right);
    string& operator+=(const string &right);
    //字符串连接
    friend string operator+(const string & left, const string & right);
    //通过重载()运算符实现取子串
    string operator()(unsigned start, unsigned len);
    //通过定义一个成员函数实现取子串
    string string::substr(unsigned start, unsigned len) const;
    unsigned length()const; //求字符串长度
    char & operator[](unsigned index)const; //访问单个字符
    int compare(const string &)const; //字符串比较
    operator const char * ()const; //到普通c字符串的转换
    friend ostream & operator<<(ostream &, string &);//字符串的输出
    istream & string::getline(istream & in);
};
```

三、实验内容解析

1. 程序 1 的运行结果如下：

```
a = 10
b = 20
c = 30
```

该题目的重点测试知识点为“<<”运算符的重载。

(2) 程序 2 的运行结果如下：

```
This Number is: 13
This Number is: 14
This Number is: 13
This Number is: 10
```

该题目的重点测试知识点为前置自加和后置自加运算符的重载、前置自减和后置自减运算符的重载。

2. 程序的参考代码如下：

```
#include <iostream.h>
class Date
{private:
     int year;
     int month;
     int day;
     static int ads[13];
public:
     Date(int y = 2000, int m = 1, int d = 1);
     bool isleap();
     int days();
     void setDate(int y, int m, int d);
     friend ostream & operator<<(ostream &, Date &);
     friend bool operator == (const Date & d1, const Date & d2);
     void operator ++ ();
     void operator -- ();
     Date& operator += (int days);
     Date& operator -= (int days);
};

int Date::ads[13] = {0, 31, 28, 31, 30, 31, 30, 31, 31, 30, 31, 30, 31};
//构造函数
Date::Date(int y, int m, int d){ year = y; month = m; day = d; }
```

```
/* 成员函数 isleap()的功能是判别当前年份是否为闰年，
该年份如果是 4 的倍数且不是 100 的倍数或是 400 的倍数则确定为闰年：*/
bool Date::isleap()
{     if ( (year % 4 == 0) && (year % 100 != 0) || (year % 400 == 0))
           return true;
      else return false;
}

/* 成员函数 days()的功能是计算该日期在全年中的天数，并返回该天数。
处理过程是利用静态数组 ads 将该日期之前的月的天数累加起来，再加上当月的天
数。*/
int Date::days()
{     int s, i;
      if (isleap() == true) ads[2] = 28;
      else ads[2] = 29;
      if (month == 1) s = day;
      else {      s = 0;
                  for (i = 1; i<month; i++ ) s = s + ads[i];
                  s = s + day;
      }
      return s;
}
void Date::setDate(int y, int m, int d){year = y; month = m; day = d;}
ostream & operator<<(ostream &output, Date &d)
{     output<<d.year<<"-"<<d.month<<"-"<<d.day<<endl;
      return output;
}
bool operator == (const Date & d1, const Date & d2)
{     if((d1.year == d2.year) && (d1.month == d2.month) && (d1.day == d2.day))
          return true;
      else return false;
}
void Date::operator ++ ()
{     if (isleap() == true) ads[2] = 28;
      else ads[2] = 29;
      day += 1;
      if(day>ads[month])
      {    day -= ads[month];
```

```
            ++month;
        }
        if(month>12)
        {   month-=12;
            ++year;
        }
}

Date& Date::operator+=(int days)
{   if (isleap()==true) ads[2]=28;
    else ads[2]=29;
    day+=days;
    if (day>ads[month])
    {   day-=ads[month];
        ++month;
    }
    if (month>12)
    {   month-=12;
        ++year;
    }
    return *this;
}

int main()
{   Date d1;
    cout<<"d1="<<d1;
    Date d2(2008,11,30);
    cout<<"d2="<<d2;
    cout<<"d1==d2?"<<(d1==d2)<<endl;
    d1++;
    cout<<"d1++="<<d1<<endl;
    Date d3;
    d2+=3;
    cout<<"d2+=3"<<d2<<endl;
    return 0;
}
```

【代码解析】(1) 本程序对运算符“==”、“++”、“--”、“+=”、“-+”、“<<”进行了重载，从而可以使这些运算符也能作用于Date类对象，提高了程序的可读性。

(2) 运算符重载函数可以是类的成员函数，也可以是类的友元函数。不过考虑到各方面的因素，一般将单目运算符重载为成员函数，将双目运算符重载为友元函数。但流插入运算符“<<”和流提取运算符“>>”必须重载为友元函数。

(3) Visual C++ 6.0 中的 C++编译系统没有完全实现 C++标准，它所提供的不带后缀“.h”的头文件不支持把双目运算符重载为友元函数。但是 Visual C++ 6.0 所提供的老形式的带后缀“.h”的头文件可以支持此项功能，因此在上述程序开头有如下的包含头文件语句：

```
#include <iostream.h>
```

这样，该程序才能在 Visual C++ 6.0 中编译通过。

3. 程序的参考代码如下：

```
void CArray::print()
{      for (int i = 0; i<size; i++)
             cout<<p_arr[i]<<" ";
       cout<<endl;
}

CArray& CArray::operator = (const CArray &arr)
{      size = arr.size;
       if(size>0)
       {      p_arr = new int[size];
              for (int i = 0; i<size; i++)
                  p_arr[i] = arr.p_arr[i];
       }
       return *this;
}

CArray operator + (const CArray &arr1, const CArray &arr2)
{      CArray arr(arr1);
       for (int i = 0; i<arr1.size; i++) arr.p_arr[i] += arr2.p_arr[i];
       arr.print();
       return arr;
}

CArray operator - (const CArray &arr1, const CArray &arr2)
{      CArray arr(arr1);
       for (int i = 0; i<arr1.size; i++) arr.p_arr[i] -= arr2.p_arr[i];
       arr.print();
       return arr;
```

```
}
int main()
{ int a[10];
    cout<<"Please enter 10 numbers:"<<endl;
    for(int i = 0; i<10; i++) cin>>a[i];
    CArray b(a, 10);
    cout<<"b = ";
    b.print();
    CArray c;
    c = b;
    cout<<"c = ";
    c.print();
    CArray d;
    d = b + c;
    cout<<"d = ";
    d.print();
    CArray e;
    e = b - c;
    cout<<"e = ";
    e.print();
    return 0;
}
```

【代码解析】本程序对运算符"[]"、"="、"+"、"-"进行了重载,从而可以使这些运算符也能作用于数组类对象,提高了程序的可读性。

4. 程序的参考代码如下:

```
//string类头文件的定义
#include <iostream.h>
#include <assert.h>
#include <string.h>
char nothing;
class string
{
    ……(类体代码见题干,此处从略)
};
//构造函数的实现
string::string(){ buflen = 0; buffer = NULL; }
string::string(unsigned size)
```

```
{     assert(size>=0);
      buflen=size;
      buffer=new char[buflen+1];
      assert(buffer!=0);
      for (unsigned i=0; i<buflen; i++) buffer[i]='\0';
}
string::string(char c)
{     buflen=1;
      buffer=new char[buflen+1];
      assert(buffer!=0);
      buffer[0]=c;
      buffer[1]='\0';
}
string::string(const char * text)
{     buflen=strlen(text);
      buffer=new char[buflen+1];
      assert(buffer!=0);
      for (int i=0; text[i]!='\0'; i++) buffer[i]=text[i];
      buffer[i]='\0';
}
string::string(const string & str)
{     buflen=str.length()+1;
      buffer=new char[buflen];
      assert(buffer!=0);
      strcpy(buffer,str.buffer);
}
//析构函数
string::~string()
{     if(buflen!=0)
      {     delete[] buffer;
            buffer=NULL;
            buflen=0;
      }
}
//赋值
string& string::operator=(const string & right)
{     if (&right!=this)
      {     unsigned len=right.length();
```

```
            if (buflen<len)
            {     delete[] buffer;
                  buffer = new char[len + 1];
                  assert(buffer! = 0);
            }
            for (int i = 0; right.buffer[i]! = '\0'; i ++ ) buffer[i] = right.buffer[i];
            buffer[i] = '\0';
            buflen = len;
        }
        return * this;
    }
    string& string::operator += (const string & right)
    {     unsigned i;
          unsigned len = length() + right.length();
          if (buflen! = len)
          {     char *  newbuffer = new char[len + 1];
                assert(newbuffer! = 0);
                for (i = 0; buffer[i]! = '\0'; i ++ )
                newbuffer[i] = buffer[i];
                delete[] buffer;
                buffer = newbuffer;
                for (unsigned j = 0; right.buffer[j]! = '\0'; i ++ , j ++ ) buffer[i]
= right.buffer[j];
                buffer[i] = '\0';
                buflen = len;
          }
          return * this;
    }
    //字符串运算的实现
    string operator + (const string &left, const string &right)
    {     string result(left);
          result += right;
          return result;
    }

    int string::compare(const string & val) const
    {     char * p = buffer;
          char * q = val.buffer;
```

```
    for( ; (*p!='\0') && (*p==*q); q++, p++)
    return (*p-*q);
}

string string::substr(unsigned start, unsigned len) const //取子串
{   if (start>=length()){ start=0; len=0; }
    unsigned maxlen=length()-start;
    if (len>maxlen) len=maxlen;
    char* newbuffer=new char[len+1];
    assert(newbuffer!=0);
    string temp;
    temp.buflen=len;
    temp.buffer=newbuffer;
    for(unsigned i=0; i<len; i++) temp.buffer[i]=buffer[start+i];
    temp.buffer[i]='\0';
    return temp;
}

string string::operator()(unsigned start, unsigned len) //取子串
{   if (start>=length()){ start=0; len=0; }
    unsigned maxlen=length()-start;
    if (len>maxlen) len=maxlen;
    char* newbuffer=new char[len+1];
    assert(newbuffer!=0);
    string temp;
    temp.buflen=len;
    temp.buffer=newbuffer;
    for (unsigned i=0; i<len; i++) temp.buffer[i]=buffer[start+i];
    temp.buffer[i]='\0';
    return temp;
}

//实现length()函数
unsigned string::length()const{ return buflen; }
char & string::operator[](unsigned index) const
{   if(index>=strlen(buffer))
    {   nothing='\0';
        return nothing;
```

```
        }
        return buffer[index];
    }

    string::operator const char * () const{ return buffer; }

    istream & string::getline(istream & in)
    {   in.getline(buffer,buflen,'\n');
        return in;
    }

    ostream &operator<<(ostream & out, string & text)
    {   out<<text.buffer;
        return out;
    }

    int main()
    {   string s1("Hello!");
        string s2,ss;
        ss = s2 = s1;
        cout<<"s2 = "<<s2<<endl;
        cout<<"ss = "<<ss<<endl;
        string s3("Good Morning!");
        string s4("Good afternoon!");
        s1 += s3;
        cout<<"s1 = "<<s1<<endl;
        s4 = s3 + s4;
        cout<<"s4 = "<<s4<<endl;
        string s5("Welcome to C++ world!"),s6,s7;
        s6 = s5.substr(11, 3);
        cout<<s6<<endl;
        s7 = s5(11, 3);
        cout<<s7<<endl;
        return 0;
    }
```

【代码解析】本程序演示了对自定义类 string 的一些常用运算符的重载，或许对读者有一定的帮助。

实验8　模　　板

一、实验目的

1. 掌握函数模板的定义与调用。
2. 掌握类模板的声明与使用方法。

二、实验内容

1. 设计一个函数模板，实现两数的交换，并用int、float、double、char类型的数据进行测试。

2. 设计一个函数模板，实现从int、float、double、char类型的数组找出最大值元素。提示：可用类型参数传递数组、用非类型参数传递数组大小，为了找出char * 类型数组中的最大值元素，需要对该类型进行重载或特化。

3. 编写一个顺序表类模板。

4. 编写一个单链表类模板。

三、实验内容解析

1. 程序的参考代码如下：

```
#include <iostream>
#include <string>
using namespace std;
template <typename T>
void change(T &x, T &y)
{
    T temp;
    temp = x; x = y; y = temp;
}
int main()
{
    int a = 12, b = 34;
    float c = 1.1, d = 2.2;
    double e = 1.23456789, f = 2.23456789;
    char u = 'A', v = 'B';
    cout<<"交换前:a = "<<a<<" b = "<<b<<endl;
```

```
    change(a, b);
    cout<<"交换后:a="<<a<<" b="<<b<<endl;
    cout<<"交换前:c="<<c<<" d="<<d<<endl;
    change(c, d);
    cout<<"交换后:c="<<c<<" d="<<d<<endl;
    cout<<"交换前:e="<<e<<" f="<<f<<endl;
    change(e, f);
    cout<<"交换后:e="<<e<<" f="<<f<<endl;
    cout<<"交换前:u="<<u<<" v="<<v<<endl;
    change(u, v);
    cout<<"交换后:u="<<u<<" v="<<v<<endl;
    return 0;
}
```

【代码解析】在上述程序代码中,用函数模板来实现两数的交换。用函数模板比用函数重载更方便,程序更简洁。但它只适用于函数的参数个数相同而类型不同,且函数体相同的情况,如果参数的个数不同,则不能用函数模板。

2. 程序的参考代码如下:

```
#include <iostream>
#include <string>
using namespace std;
template <typename T, int size>
T max(T a[])
{
    T temp=a[0];
    for (int i=1; i<size; i++)
    {
        if (temp<a[i]) temp=a[i];
    }
    return temp;
}

char* max(char *a[], int n)
{
    char* p=a[0];
    for (int i=1; i<n; i++)
    {
        if(strcmp(p, a[i])==-1) p=a[i];
    }
```

```
    return p;
}

int main()
{
    int a[5] = {1, 9, 0, 23, -45};
    float b[5] = {1.1, 9.9, 0, 23.4, -45.6};
    double c[5] = {5.5, 9.9, 2.2, 3.3, -1.1};
    char d[5] = {'A', 'G', 'B', 'H', 'D'};
    char * str[5] = {"A", "G", "B", "H", "D"};
    cout<<"a 数组中的最大元素为:"<<max<int, 5>(a)<<endl;
    cout<<"b 数组中的最大元素为:"<<max<float, 5>(b)<<endl;
    cout<<"b 数组中的最大元素为:"<<max<double, 5>(c)<<endl;
    cout<<"b 数组中的最大元素为:"<<max<char, 5>(d)<<endl;
    cout<<"str 数组中的最大元素为:"<<max(str, 5)<<endl;
    return 0;
}
```

【代码解析】在上述程序代码中,用函数模板来实现求数组中的元素的最大值。用函数模板比用函数重载更方便,程序更简洁。但它只适用于函数的参数个数相同而类型不同,且函数体相同的情况,如果参数的个数不同,则不能用函数模板。函数模板也可以重载,为了找出 char * 类型数组中的最大值,程序对函数模板进行了重载(或特化)。

3. 程序的参考代码如下:

```
#include <iostream>
using namespace std;
template <class T>
class SqList
{private:
    T *elem;
    int curlen;
    int maxlen;
public:
    SqList(int maxsize = 100);
    SqList(T a[], int n, int maxsize = 100);
    ~SqList(){ delete[] elem; }
    void init(){ curlen = 0; }
    T getelem(int i);
    int length(){ return curlen; }
    int locate(T& el);
```

```
        bool insert(int loc, T& el);
        T dele(int loc);
        bool full(){ return curlen == maxlen; }
        bool empty(){ return curlen == 0; }
        void inverse();
        void print();
};

template <class T>
SqList<T>::SqList(int maxsize):maxlen(maxsize)
{       curlen = 0;
        elem = new T[maxlen];
}

template <class T>
SqList<T>::SqList(T a[], int n, int maxsize): maxlen(maxsize)
{       curlen = n;
        elem = new T[maxlen];
        for (int i = 0; i<n; i++ ) elem[i] = a[i];
}

template <class T>
int SqList<T>::locate(T& el)
{ int i = 0;
  while ((i<curlen) && (elem[i]! = el) ) i++ ;
  if ( i<curlen ) return(i+1); else return(0);
}

template <class T>
bool SqList<T>::insert(int loc, T& el)
{ int i;
  if((loc<1) || (loc>curlen+1) || (curlen == maxlen))
        return(false);
  else{
        curlen++ ;
        for (i = curlen - 1; i> = loc; i-- ) elem[i] = elem[i - 1];
        elem[loc - 1] = el;
        return(true);
```

```
    }
}

template <class T>
T SqList<T>::dele(int loc)
{     int i; T el;
      if ((loc<1) || (loc>curlen)) return NULL;
      else { el = elem[loc - 1];
             for (i = loc; i<curlen; i++) elem[i - 1] = elem[i];
             curlen--;
             return(el);
            }
}

template <class T>
void SqList<T>::inverse()
{     int i, m, n; T temp;
      n = curlen; m = n / 2;
      for (i = 0; i<m; i++ )
      {     temp = elem[i];
            elem[i] = elem[n - 1 - i];
            elem[n - 1 - i] = temp;
      }
}

template <class T>
void SqList<T>::print()
{ int i;
    for (i = 0; i<curlen; i++ )
      cout<<elem[i]<<" ";
    cout<<endl;
}

int main()
{
      char a[] = {'a', 'b', 'c', 'd', 'e'};
      SqList<char> list(a, 5);
      list.print();
```

```
    char el = 'W';
    list.insert(4, el);
    list.print();
    list.dele(4);
    list.print();
    list.inverse();
    list.print();
    return 0;
}
```

【代码解析】本程序演示了顺序表类模板,或许对读者有一定的帮助。

4. 程序的参考代码如下:

方法一:

```
#include <iostream>
using namespace std;

template <class T>
class LinkList
{private:
        struct Node
        {
            T data;
            Node * next;
        };
        Node * head;
public:
        LinkList(){
            head = new Node;
            head->next = NULL;
        }
        LinkList(T a[],int n);
        ~LinkList();
        void init() {
            delete[] head;
            head = new Node;
            head->next = NULL;};
        T gete(int i);
        int leng();
        int loct (T& el);
```

```
        bool insert (int loc,T& el);
        T dele(int i);
        bool full(){return false;};
        bool empt(){return head->next==NULL;}
        void inverse();
        void traverse();
};

template <class T>
LinkList<T>::LinkList(T a[], int n)
{   Node *p; int i;
    head=new Node; head->next=NULL;
    for (i=n-1; i>=0; i-- )
    {     p=new Node; p->data=a[i];
          p->next=head->next; head->next=p;
    }
}

template <class T>
LinkList<T>::~LinkList()
{     Node *p=head, *q=NULL;
      while(p->next!=NULL)
      {     q=p->next;
            delete p;
            p=q;
      }
      delete p;
}

template <class T>
T LinkList<T>::gete(int i)
{     Node *p; int j;
      p=head; j=0;
      while ((p!=NULL ) && (j<i))
      {    p=p->next; j=j+1; };
      if ((p!=NULL ) && (j==i)) return(p->data);
      else return(NULL);
}
```

```
template <class T>
int LinkList<T>::leng()
{    Node *p;int j;
     p = head->next; j = 0;
     while (p! = NULL )
     {  p = p->next; j = j + 1; };
     return j;
}

template <class T>
int LinkList<T>::loct(T& el)
{    Node *p; int j; Telem data;
     p = head->next; j = 1;
     while (p! = NULL )
     {   data = p->data;
         if (data == el) break;
         p = p->next; j = j + 1;
     }
      if (p! = NULL ) return(j);
      else return(0);
}

template <class T>
bool LinkList<T>::insert(int loc, T& el)
{    Node *p, *s; int j;
     p = head; j = 0;
     while ((p! = NULL ) && (j<loc - 1))
     { p = p->next; j = j + 1; };
     if ((p! = NULL ) && (j == loc - 1))
     {     s = new Node;
           s->data = el;
           s->next = p->next;
           p->next = s;
           return true;
     }
     else return false;
}
```

```
template <class T>
T LinkList<T>::dele(int i)
{    Node *p, *q; int j; char el;
     p = head; j = 0;
     while ((p->next! = NULL ) && (j<i-1))
     {    p = p->next; j = j+1; };
     if ((p->next! = NULL ) && (j == i-1))
     {    q = p->next;
          p->next = p->next->next;
          el = q->data;
          delete(q);
          return(el);
     }
     else return NULL;
}

template <class T>
void LinkList<T>::inverse()
{    Node *p, *s;
     p = head->next; head->next = NULL;
     while (p! = NULL )
     {    s = p; p = p->next;
          s->next = head->next; head->next = s;
     }
}

template <class T>
void LinkList<T>::traverse()
{    Node *p;
     p = head->next;
     while (p! = NULL )
     {    cout<<p->data<<" ";
          p = p->next;
     }
     cout<<endl;
}
```

```
int main()
{
    char a[] = {'a', 'b', 'c', 'd', 'e'};
    LinkList<char> l1(a, 5);
    l1.traverse();
    char el = 'W';
    l1.insert(4, el);
    l1.traverse();
    l1.dele(4);
    l1.traverse();
    l1.inverse();
    l1.traverse();
    return 0;
}
```

【代码解析】本程序演示了单链表类模板,或许对读者有一定的帮助。

方法二:

```
#include <iostream>
using namespace std;
template <class Telem>
class List
{public:
      virtual void init() = 0;                    //初始化
      virtual int leng() = 0;                     //求长度
      virtual Telem gete(int i) = 0;              //返回第 i 个元素
      virtual int loct (Telem& el) = 0;           //查找,若找到返回元素的序号否则
                                                    返回 0
      virtual bool inst (int loc, Telem& el) = 0;//将 el 插入在 loc 位置中
      virtual Telem dele(int loc) = 0;            //删除 loc 位置中的数据元素
      virtual bool full() = 0;                    //判断线性表是否为满
      virtual bool empt() = 0;                    //判断线性表是否为空
};

template <class Telem> class LinkList;
template <class Telem>
class Node
{     friend class LinkList <Telem>;
      Telem data;
      Node <Telem>  *next;
public:
      Node(Telem d = 0,Node <Telem>  *n = NULL):data(d), next(n){};
```

```
};

template <class Telem>
class LinkList //: public List<Telem>
{private:
        Node <Telem>  * head;
 public:
        LinkList(){ head = new Node <Telem>(); }
        LinkList(Telem a[], int n);
        ~LinkList();
        void init() { delete[] head; head = new Node <Telem>(); }
        Telem gete(int i);
        int leng();
        int loct (Telem& el);
        bool inst (int loc, Telem& el);
        Telem dele(int i);
        void inver();
        void orderinst(Node<Telem>  * ip);
        void sort();
        bool full(){ return false; }
        bool empt(){ return head->next == NULL; }
};

template <class Telem>
LinkList<Telem>::LinkList(Telem a[], int n)
{     Node <Telem>  * p; int i;
      head = new Node <Telem>(); head->next = NULL;
      for (i = n-1;i>=0;i-- )
      {     p = new Node <Telem>();
            p->data = a[i];
            p->next = head->next;
            head->next = p;
      }
}

template <class Telem>
LinkList<Telem>::~LinkList()
{     Node<Telem>  * p = head, * q = NULL;
      while(p->next! = NULL)
      {     q = p->next;
```

```
        delete p;
        p = q;
      }
    delete p;
}

template <class Telem> Telem LinkList<Telem>::gete(int i)
{   Node <Telem> *p; int j;
    p = head; j = 0;
    while ((p! = NULL ) && (j<i))
    {p = p->next; j = j + 1; };
    if ((p! = NULL ) && (j == i)) return(p->data);
    else return(NULL);
}

template <class Telem> int LinkList<Telem>::leng()
{
    Node <Telem> *p; int j;
    p = head->next; j = 0;
    while (p! = NULL )
    {p = p->next; j = j + 1; }
    return j;
}

template <class Telem> int LinkList<Telem>::loct(Telem& el)
{  Node <Telem> *p; int j; Telem data;
   p = head->next; j = 1;
   while (p! = NULL )
   {  data = p->data;
      if (data == el) break;
      p = p->next; j = j + 1;
   };
   if (p! = NULL ) return(j);
   else return(0);
}

template <class Telem>
bool LinkList<Telem>::inst(int loc, Telem& el)
{   Node <Telem> *p, *s; int j;
    p = head; j = 0;
```

```
        while ((p! = NULL ) && (j<loc - 1))
        {  p = p - >next; j = j + 1; }
        if ((p! = NULL ) && (j == loc - 1))
        {       s = new Node <Telem>();
                s - >data = el;
                s - >next = p - >next;
                p - >next = s;
                return true;
        }
        else return false;
}

template <class Telem>
Telem LinkList<Telem>::dele(int i)
{  Node <Telem>  * p, * q; int j; char el;
   p = head; j = 0;
   while ((p - >next! = NULL ) && (j<i - 1))
   {  p = p - >next; j = j + 1; };
   if ((p - >next! = NULL ) && (j == i - 1))
   {       q = p - >next;
           p - >next = p - >next - >next;
           el = q - >data;
           delete(q);
           return(el);
   }
   else return NULL;
}

template <class Telem>
void LinkList<Telem>::inver()
{     Tnode <Telem>  * p, * s;
      p = head - >next; head - >next = NULL;
      while (p! = NULL )
      {     s = p; p = p - >next;
            s - >next = head - >next; head - >next = s;
      }
}

template <class Telem>
void LinkList<Telem>::orderinst(Node<Telem>  * ip)
```

```
{   Node<Telem>  *p, *q; int data;
    data = ip->data;
    if ((head->next == NULL) || (data<= head->next->data))
    {     ip->next = head->next;
          head->next = ip;
     }
     else{
          p = head->next;q = NULL;
          while ((p! = NULL) && (p->data<data))
          {     q = p; p = p->next; }
          ip->next = q->next;
          q->next = ip;
     }
}

template <class Telem>
void LinkList<Telem>::sort()
{    Node<Telem>  *p, *s;
     p = head->next; head->next = NULL;
     while (p! = NULL )
     {  s = p; p = p->next;
        orderinst(s);
     }
}

int main()
{
     char a1[] = {'a', 'd', 'b','e', 'c'};
     LinkList <char> LL(a1, 5);
     LL.sort();
     for(int i = 1; i<= 5; i++)
          cout<<LL.gete(i)<<" ";
     cout<<endl;
     return 0;
}
```

【代码解析】本程序演示了单链表类模板，与方法一中的代码不同，本程序中还有一个单链表节点类模板。

实验9　输入/输出流(自学)

一、实验目的

1. 深入理解C++的输入/输出的含义与其实现方法。
2. 掌握标准输入/输出流的应用,包括格式输入/输出。
3. 掌握对文件的输入/输出操作。

二、实验内容

1. 阅读下面的程序,写出程序运行的结果。

程序1

```
#include<iostream>
#include<fstream>
using namespace std;
int main(){
    fstream out, in;
    out.open("a.dat", ios::out);
    out<<"on fact\n";
    out<<"operating file \n";
    out<<"is the same as inputing/outputing data on screen...\n";
    out.close();
    char buffer[80];
    in.open("a.dat", ios::in);
    while(! in.eof())
    {
        in.getline(buffer, 80);
        cout<<buffer<<endl;
    }
    return 0;
}
```

程序2

```
#include<iostream>
#include<string>
#include<fstream>
```

```
using namespace std;
class Worker{
private:
    int number, age;
    char name[20];
    double sal;
public:
    Worker(){}
    Worker(int num, char * Name, int Age, double Salary): number(num), age
(Age), sal(Salary)
    {  strcpy(name, Name); }
    void display(){ cout<<number<<"\t"<<name<<"\t"<<age<<"\t"
<<sal<<endl;}
};
int main(){
    ofstream out("Employee.dat", ios::out | ios::binary);
    Worker man[] = {Worker(1, "张三", 23, 2320), Worker(2, "李四", 32, 2321),
                    Worker(3, "王五", 34, 2322), Worker(4, "刘六", 27, 2324),
                    Worker(5, "晓红", 23, 2325), Worker(6, "黄明", 50, 2326)};
    for (int i = 0; i<6; i++)  out.write((char *)&man[i], sizeof(man[i]));
    out.close();
    Worker s1;
    ifstream in("Employee.dat", ios::in | ios::binary);
    in.seekg(2 * (sizeof(s1)), ios::beg);
    in.read((char *)&s1, sizeof(s1));
    s1.display();
    in.seekg(0, ios::beg);
    in.read((char *)&s1, sizeof(s1));
    s1.display();
    in.close();
    return 0;
}
```

2. 已知数据文件 IN.dat 中存有 20 个整数，每个整数间用空格分隔。有一类 Array 的结构如下：

```
class Array
{public:
    Array(){
        for (int i = 0; i<20; i++) A[i] = 0;
```

```
    }
    int getNumberA(Array &a, int k){return a.A[k];}
    void getdata();//读数据函数
    void max_min(int &, int &);//求最大值和最小值函数
    void putdata(int &, int &);//写结果数据函数
private:
    int A[20];
};
```

其中:

- 成员函数 getdata()的功能为从数据文件 IN.dat 中把 20 个数据读出来存入数据成员 A[]中。
- 成员函数 max_min(int &,int &)的功能为求数据成员 A[]中 20 个整数的最大值和最小值。
- 成员函数 putdata(int &,int &)的功能为把求得的数据成员 A[]中 20 个整数的最大值和最小值输出到数据文件 OUT.dat。

要求:在类外写出上述三个成员函数的实现代码,并在 main 函数中对该类进行测试。

3. 假设有学生类 Student,包括姓名、学校、专业、班级、电话号码、通信地址、邮政编码等数据成员。编程完成 Student 类的设计,从键盘输入 10 个同学的通信录信息,并将这 10 个同学的信息写入磁盘文件 address.dat 中。然后从 address.dat 文件中读取各同学信息并显示在屏幕上。

三、实验内容解析

1. 程序的运行结果如下。

(1) 程序 1

```
on fact
operating file
is the same as inputing/outputing data on screen...
```

(2) 程序 2

```
3    王五    34    2322
1    张三    23    2320
```

2. 程序的参考代码如下:

```
#include <iostream>
using namespace std; #include <fstream>
class Array{
    int A[20];
public:
    Array()
    {  for (int i = 0; i<20; i++) A[i] = 0; }
    int getNumberA(Array &a, int k)
```

```
        { return a.A[k]; }
        void getdata();                  //读数据函数
        void max_min(int &, int &);      //求最大值和最小值函数
        void putdata(int &, int &);      //写结果数据函数
    };
    void Array::getdata()
    {     ifstream infile("IN.dat", ios::in);
          if (! infile) { cerr<<"Open file IN.dat error!"<<endl; exit(1); }
          for (int i = 0; i<20; i++)
          {
               infile>>A[i];
               cout<<A[i]<<" ";
          }
          cout<<endl;
          infile.close();
    }
    void Array::max_min(int &max, int &min)
    {
          max = A[0]; min = A[0];
          for(int i = 1; i<20; i++)
          {
              if (max<A[i]) max = A[i];
              if (min>A[i]) min = A[i];
          }
    }
    void Array::putdata(int &max, int &min)
    {     ofstream outfile("out.dat", ios::out);
          if (! outfile)
          { cerr<<"Open file out.dat error!"<<endl; exit(1); }
          outfile<<max<<" "<<min;
          cout<<"max = "<<max<<endl;
          cout<<"min = "<<min<<endl;
          outfile.close();
    }
    int main()
    {
          Array arr;
          int max, min;
```

```
    arr.getdata();
    arr.max_min(max, min);
    arr.putdata(max, min);
    return 0;
}
```

【代码解析】上述程序代码既演示了从文本文件读数据，又演示了往文本文件写数据。注意，在向文本文件写数据时，需要在每个数据后面插入一个或多个空格，其作用是分隔两个数据，以方便以后再从此文本文件读数据时能正确地把数据读出来。

3. 程序的参考代码如下：

```
#include<iostream>
#include<string>
#include<fstream>
using namespace std;
class Student
{private:
    char name[11];
    char school[31];
    char profession[21];
    char banji[11];
    char telephone[12];
    char address[41];
    char postcode[7];
public:
    Student(){}
    void set();
    void display();
};
void Student::set()
{   cin>>name>>school>>profession>>banji>>telephone>>address>>postcode; }
void Student::display()
{cout<<name<<"\t"<<school<<"\t"<<profession<<"\t"<<banji<<"\t"<<telephone<<"\t"<<address<<"\t"<<postcode<<endl;}
int main(){
    Student stud[10];
    ofstream outfile("address.dat", ios::out | ios::binary);
    if (! outfile)
    {
```

```
        cerr<<"open error! "<<endl;
        abort(); //退出程序
    }
    for (int i=0; i<2; i++)
    {
        cout<<"Please enter No. "<<i+1<<" student's information:"<<endl;
        stud[i].set();
        outfile.write((char *)&stud[i], sizeof(stud[i]));
    }
    outfile.close();
    ifstream infile("address.dat", ios::in | ios::binary);
    if (! infile)
    {
        cerr<<"open error!"<<endl;
        abort();
    }
    for (i=0; i<2; i++)
    {
        infile.read((char *)&stud[i], sizeof(stud[i]));
        stud[i].display();
    }
    infile.close();
    return 0;
}
```

【代码解析】上述程序代码既演示了往二进制文件随机写数据,又演示从二进制文件随机读数据。对于二进制文件,我们还可以对它进行随机访问。

实验 10　异常处理(自学)

一、实验目的

1. 学会使用 C＋＋的异常处理机制进行程序的编制。
2. 学会使用命名空间解决名字冲突。

二、实验内容

1. 阅读下面的程序,写出程序运行的结果。

程序 1

```
#include<iostream>
using namespace std;
int main()
{
    int a[] = {8, 5, 5, 0, 6, 0, 8, 5, 5, 0, 7, 8};
    for (int i = 0; i<5; i++)
        try{
                cout<<"in for loop..."<<i<<"\t";
                if (a[i+1] == 0) throw 1;
                    cout<<a[i]<<"/"<<a[i+1]<<"="<<a[i]/a[i+1]
                    <<endl;
        }
        catch(int){cout<<"end"<<endl;}
    return 0;
}
```

程序 2

```
#include<iostream>
using namespace std;
void err(int t)
{
    try{
        if (t>100) throw "biger than 100";
        else if (t<-100) throw t;
        else cout<<"t in right range..."<<endl;
```

```
    }
    catch(int x){ cout<<"error---"<<x<<endl;}
    catch(char * s){cout<<"error---"<<s<<endl;}
    catch(float f) {cout<<"error---"<<f<<endl;}
}
int main(){
    err(200);
    err(99);
    err(-1210);
    return 0;
}
```

程序 3

```
#include<iostream>
using namespace std;
class excep{
private:
    char *ch;
public:
    excep(char *m="exception class..."){ch=m;}
    void print(){cerr<<ch<<endl;}
};
void err1(){
    cout<<"enter err1\n";
    throw excep("exception");
}
void err2(){
    try{ cout<<"enter err2\n";err1();}
    catch(int){ cerr<<"err2:catch\n";throw;}
}
void err3(){
    try{cout<<"enter err3\n";err2();}
    catch(...){ cerr<<"err3:chtch\n";throw;}
}
int main(){
    try{    err3();  }
    catch(...){cerr<<"main:catch\n";}
    return 0;
}
```

2. 设计日期类 Date,该类具有三个整型数据成员 year、month、day,具有多个重载的构造函数,修改日期的函数,获取月份的函数,输出日期的函数。要求该类实现如下的异常处理功能。

(1) InvalidDay:对于日期 day 成员,不能接受大于 31 或小于 1 的值,当传递给类的日期大于 31 或小于 1 时,抛出这种类型的异常。

(2) InvalidMonth:对于月 month,不能接受大于 12 或小于 1 的值,当传递给类的日期大于 12 或小于 1 时,抛出这种类型的异常。

三、实验内容解析

1. 程序的运行结果。

(1) 程序 1

```
in for loop....0        8/5 = 1
in for loop....1        5/5 = 1
in for loop....2        end
in for loop....3        0/6 = 0
in for loop....4        end
```

(2) 程序 2

```
error---biger than 100
t in right range...
error---1210
```

(3) 程序 3

```
enter err3
enter err2
enter err1
err3:catch
main:catch
```

2. 程序的参考代码如下:

```
#include<iostream>
using namespace std;
class InvalidDay{};        //异常类
class InvalidMonth{};      //异常类
class Date{
public:
    Date(){ year = 0; month = 0; day = 0; }                        //无参构造函数
    Date(int mm, int dd, int yy){ year = yy; month = mm; day = dd; } //带参数的构造函数
    Date(const Date &d){ year = d.year; month = d.month; day = d.day; }//复制构造函数
    bool setDate(const int, const int, const int);                 //修改日期的函数
    void display();                                                //输出日期的函数
    char * getMonth(const int m);                                  //获取月份的函数
```

```
private:
    int year, month, day;
};

//设置成员变量,如果成功赋值则返回true,否则返回false
//mm:月份;dd:天数;yy:年份;
bool Date::setDate(const int mm, const int dd, const int yy)
{   if (mm<1 || mm>12) throw InvalidMonth();
    if (dd<1 || dd>31) throw InvalidDay();
    year = yy; month = mm; day = dd;
    return true;
}

void Date::display()
{
    //在屏幕上按"12--31--2011"形式显示日期
    cout<<month<<"--"<<day<<"--"<<year<<endl;
}

char * Date::getMonth(const int m)
{   if (m==1) return "January";
    else if (m==2) return "February";
    else if (m==3) return "March";
    else if (m==4) return "April";
    else if (m==5) return "May";
    else if (m==6) return "June";
    else if (m==7) return "July";
    else if (m==8) return "August";
    else if (m==9) return "September";
    else if (m==10) return "October";
    else if (m==11) return "November";
    else return "December";
}

int main(){
    Date myDate;
    int year, month, day;
    try{
```

```
        cout<<"Plear enter a date(mm--dd--yy):"<<endl;
        cin>>month;
        cin.ignore();
        cin>>day;
        cin.ignore();
        cin>>year;
        myDate.setDate(month, day, year);
        cout<<"The date is "<<endl;
        myDate.display();
    }
    catch(Date::InvalidDay)
    {   cout<<"the day is error!"<<endl; }
    catch(Date::InvalidMonth)
    {   cout<<"the month is error!"<<endl;}
    return 0;
}
```

【代码解析】

(1) 程序代码中有两个类体为空的异常类 InvalidDay 和 InvalidMonth。

- InvalidDay 异常类：当传递给类的日期小于 1 或者大于 31 时，抛出这种类型的异常。
- InvalidMonth 异常类：当传递给类的月份小于 1 或者大于 12 时，抛出这种类型的异常。

所谓异常类是指用来传递异常信息的类。异常类可以非常简单，甚至没有任何成员，如本例中的异常类就是这样；也可以同普通类一样复杂，有自己的成员函数、数据成员、构造函数、析构函数、虚函数等，还可以通过派生方式构成异常类的继承层次结构。

(2) C++处理异常的机制由 3 个部分组成：检查(try)、抛出(throw)和捕捉(catch)。把需要检查的语句放在 try 块中，throw 用来当出现异常时抛出一个异常信息，而 catch 则用来捕捉异常信息，如果捕捉到了异常信息，就处理它。

在 Date 类的成员函数 setDate()中有两个 if 语句：第一个 if 语句用来实现当传递过来的月份小于 1 或者大于 12 时，抛出异常类对象 InvalidMonth()；第二个 if 语句用来实现当传递过来的日期小于 1 或者大于 31 时，抛出异常类对象 InvalidDay()。

第2部分　教材习题解答

第1章　面向对象程序设计概述

一、简答题

简述面向过程程序设计和面向对象程序设计的编程思想，体会面向对象程序设计的优点。

【答案要点】

面向过程程序设计的编程思想：

功能分解、逐步求精、模块化、结构化。当要设计一个目标系统时，首先从整体上概括出整个系统需要实现的功能，然后对系统的每项功能进行逐层分解，直到每项子功能都足够简单，不需要再分解为止。具体实现系统时，每项子功能对应一个模块，模块间尽量相对独立，通过模块间的调用关系或全局变量而有机地联系起来。

面向对象程序设计的编程思想：

(1) 客观世界中的事物都是对象(object)，对象之间存在一定的关系。

(2) 用对象的属性(attribute)描述事物的静态特征，用对象的操作(operation)描述事物的行为(动态特征)。

(3) 对象的属性和操作结合为一体，形成一个相对独立、不可分的实体。对象对外屏蔽其内部细节，只留下少量接口，以便与外界联系。

(4) 通过对对象进行抽象分类，把具有相同属性和相同操作的对象归为一类，类是这些对象的抽象描述，每个对象是其所属类的一个实例。

(5) 复杂的对象可以用简单的对象作为其构成部分。

(6) 在不同程度上运用抽象的原则，可以得到一般类和特殊类。特殊类继承一般类的属性与操作，从而简化系统的构造过程。

(7) 对象之间通过传递消息进行通信，以实现对象之间的动态联系。

(8) 通过关联表达类之间的静态关系。

与传统的面向过程程序设计相比，面向对象程序设计的优点如下：

(1) 从认识论的角度看，面向对象程序设计改变了软件开发的方式。软件开发人员能够利用人类认识事物所采用的一般思维方式来进行软件开发。

(2) 面向对象程序中的数据的安全性高。外界只能通过对象提供的对外接口操作对象中的数据，这可以有效保护数据的安全。

(3) 面向对象程序设计有助于软件的维护与复用。某类对象数据结构的改变只会引起该类对象操作代码的改变，只要其对外提供的接口不发生变化，程序的其余部分就不需要做任何改动。面向对象程序设计中类的继承机制有效解决了代码复用的问题。人们可以像使用集成电路(IC)构造计算机硬件那样，比较方便地重用对象类来构造软件系统。

二、编程题

【程序参考代码】

```
/*学生信息管理系统C语言源代码student.c*/
#include <stdio.h>              /*包含输入/输出头文件*/
#include <string.h>             /*包含字符串处理头文件*/
#include <stdlib.h>
#define MAXSIZE 100             /*能够处理的学生总人数,可以随意修改*/
typedef struct {                /*用于存放生日信息的结构体*/
    int year;
    int month;
    int day;
}Date;
typedef struct Stud{            /*用于存放学生信息的结构体*/
    char Num[12];               /*学号为11位*/
    char Name[11];              /*姓名,最多5个汉字*/
    char Sex[2];                /*性别,男记为m,女记为f */
    Date Birthday;              /*出生日期*/
    float English, DataStructure, CPlusPlus;    /*三门课成绩*/
    float Sum, Average;                         /*总成绩、平均成绩*/
}Student;

char CurFile[40];           /*存放当前正在操作的磁盘文件的文件名*/
int IsOpen = 0;             /*当前是否有磁盘文件被打开标志*/
int found = 0;              /*在查找学生信息时是否找到标志*/
Student stud[MAXSIZE];      /*用于存放读入内存中的所有学生信息的全局数组*/
int Index = 0;              /*存放实际学生人数的全局变量*/

/*各自定义函数原型声明*/
void Create();              /*新建学生信息文件*/
void Open();                /*打开学生信息文件,并读取学生信息到全局数组stud中*/
void Display();             /*显示学生信息*/
void Search();              /*查询学生信息*/
int SearchNum(char * Num);  /*按学号查询学生信息*/
int SearchName(char * Name); /*按姓名查询学生信息*/
void Append();              /*添加学生信息*/
void Modify();              /*修改学生信息*/
void Delete();              /*删除学生信息*/
```

```
void Total();                /*统计所有学生某一科目总成绩*/
void Sort();                 /*学生信息排序*/
void Backup();               /*备份学生信息*/
void menu()                  /*系统功能菜单*/
{     int choice; /*用于保存用户对功能菜单的选择结果*/
      for( ; ; )
      {     /*显示系统功能菜单*/
            printf("\n**************************************
**************\n");
            printf("***************学生信息管理系统*************
******\n");
            printf("**************************************
************\n");
            printf("************  1.新建学生信息文件  *****************\n");
            printf("************  2.打开学生信息文件  *****************\n");
            printf("************  3.显示学生信息  *****************\n");
            printf("************  4.查询学生信息  *****************\n");
            printf("************  5.添加学生信息  *****************\n");
            printf("************  6.修改学生信息  *****************\n");
            printf("************  7.删除学生信息  *****************\n");
            printf("************  8.统计学生信息  *****************\n");
            printf("************  9.学生信息排序  *****************\n");
            printf("************  10.备份学生信息  *****************\n");
            printf("************  0.退出系统  *****************\n");
            printf("**************************************
************\n");
            printf("     请选择要执行的操作(0～8):_");
            scanf("%d", &choice);
            switch(choice){
            case 1: Create(); break;
            case 2: Open(); break;
            case 3: Display(); break;
            case 4: Search(); break;
            case 5: Append(); break;
            case 6: Modify(); break;
            case 7: Delete(); break;
            case 8: Total(); break;
            case 9: Sort(); break;
```

```
            case 10: Backup(); break;
            case 0: return;
            default: printf("选择错误! 请重新选择。\n");
            }/ * switch 结束 * /
        }/ * for 结束 * /
    }
    void ReOrEx()/ * 在用户执行完一项系统功能后,可以选择:是继续运行系统,还是
退出系统 * /
    {       int n;
        printf("\n*******************************************
**********\n");
        printf("***************1. 返回上级菜单 ***************\n");
        printf("***************0. 退出系统 ***************\n");
        printf("********************************************
*********\n");
        printf(" 请选择(1/0)? _");
        scanf(" % d",&n);
        if(n == 0)
        {   printf("\n****************************************
***************\n");
            printf("*************谢谢使用本系统! ****************\n");
            printf("*****************************************
*************\n");
            exit(1);
        }
    }
    void main()
    {       printf("********************************************
*********\n");
        printf("*********欢迎使用学生信息管理系统! *********\n");
        printf("********************************************
*********\n");
        system("pause");
        menu();/ * 系统功能以菜单的形式提供给用户 * /
        printf("\n*******************************************
***********\n");
        printf("*************谢谢使用本系统! ****************\n");
        printf("********************************************
```

```
********\n");
   }/*main 函数结束*/
   /*各自定义函数实现代码*/
   int New(char* FileName) /*创建磁盘文件*/
   {     FILE *fp;
         if((fp=fopen(FileName,"w"))==NULL)
         {  return 0; }
         else
         {     fclose(fp); Index=0;return 1; }
   }
   void Create() /*新建学生信息文件*/
   {     char FileName[40];
         printf("请输入新建文件的名称:");
         scanf("%s", &FileName);
         if(strcmp(FileName, "studentbackup"))
         {     strcat(FileName, ".dat");
               if(! New(FileName))
                     printf("%s文件创建失败! \n", FileName);
               else
               {     strcpy(CurFile, FileName);
                     printf("%s文件创建成功! \n", FileName);
               }
         }
         else
         {  printf("%s是备份文件,禁止创建与此文件同名的文件! \n",FileName); }
         ReOrEx();
   }
   void Open() /*打开学生信息文件*/
   {     char FileName[40];
         printf("请输入要打开的数据文件的名称:");
         scanf("%s", &FileName);
         if(strcmp(FileName, "studentbackup"))
         {  strcat(FileName,".dat");
               if(IsOpen==0)
               {     FILE *fp;
                     if((fp=fopen(FileName, "rb"))==NULL)
                     {  printf("%s文件打开失败! \n", FileName); }
                     else
```

```
            {     IsOpen = 1;
                  Index = 0;
                  while(! feof(fp))
                  {     fread(&stud[Index], sizeof(struct Stud), 1, fp);
                        Index ++ ;
                  }
                  Index -- ;
                  printf("学生总人数为:%d\n", Index);
                  fclose(fp);
                  printf("%s 文件打开成功! \n", FileName);
                  strcpy(CurFile, FileName);
            }
        }
        else
            printf("%s 文件已经打开! \n", FileName);
    }
    else
        printf("%s 是备份文件,禁止打开此文件! \n", FileName);
    ReOrEx();
}
void Display() /* 显示全部学生信息 */
{     int i;
      if(! strcmp(CurFile, ""))
      { printf("当前并未打开或新建文件,无法显示! \n"); }
      else
      {     printf("\n        显示所有学生成绩信息\n\n");
printf("%--12s%--11s%--5s%--14s%--12s%--15s%--12s%--
12s%--12s\n", "Num", "Name", "Sex", "Birthday", "English", "DataStructure", "
CPlusPlus", "Sum", "Average");
            for(i = 0; i<Index; i++)
            {
                  printf("%--12s%--11s%--5s%4d/%2d/%2d%10.2f%
15.2f%12.2f%12.2f%12.2f\n\n", stud[i].Num, stud[i].Name, stud[i].Sex, stud
[i].Birthday.year, stud[i].Birthday.month, stud[i].Birthday.day, stud[i].Eng-
lish, stud[i].DataStructure, stud[i].CPlusPlus, stud[i].Sum, stud[i].Average);
            }
      }
      ReOrEx();
```

```
}
int SearchNum(char * Num) /* 按学号查询学生信息 */
{   int i;
    for(i=0; <Index; i++)
    {   if(! strcmp(stud[i].Num, Num))
        {   printf("对应此学号的学生信息存在!\n");
            found=1;
            return i;
        }
    }
    printf("没有此学生的信息!\n");
    found=0;
    return 0;
}
int SearchName(char * Name) /* 按姓名查询学生信息 */
{   int i;
    for(i=0; i<Index; i++)
    {   if(! strcmp(stud[i].Name, Name))
        {   printf("对应此学号的学生信息存在!\n");
            found=1;
            return i;
        }
    }
    printf("没有此学生的信息!\n");
    found=0;
    return 0;
}
void Search() /* 查询学生信息 */
{   int n;
    int i;
    char Num[12];
    char Name[10];
    if(! strcmp(CurFile, ""))
    { printf("当前并未打开或新建文件,无法查询!\n"); }
    else
    { printf("\n 查询某一学生信息\n");
      printf("***************************************
***********\n");
```

```
        printf("***************1. 按学号查询 *************\n");
        printf("***************2. 按姓名查询 *************\n");
        printf("*************************************************
**********\n");
        printf(" 请选择(1/2)? _");
        scanf(" %d", &n);
        if(n==1)
        {   printf("请输入学生学号:\n");
            scanf(" %s", Num);
            i=SearchNum(Num);
        }
        else if(n==2)
        {   printf("请输入学生姓名:\n");
            scanf(" %s", &Name);
            i=SearchName(Name);
        }
        printf("该学生的具体信息为:\n\n");
        printf(" %--12s%--11s%--5s%--14s%--12s%--15s%--
12s%--12s%--12s\n", "Num", "Name", "Sex", "Birthday", "English", "DataStruc-
ture", "CPlusPlus","Sum", "Average");
        printf(" %--12s%--11s%--5s%4d/%2d/%2d%10.2f%15.2f%
12.2f%12.2f%12.2f\n\n", stud[i].Num, stud[i].Name, stud[i].Sex, stud[i].
Birthday.year, stud[i].Birthday.month, stud[i].Birthday.day, stud[i].English,
stud[i].DataStructure, stud[i].CPlusPlus, stud[i].Sum, stud[i].Average);
    }
    ReOrEx();
}
void AddData() /*添加一条学生信息*/
{   char Num[12];
    char Name[10];
    char Sex[2];
    int Year, Month, Day;
    float English, DataStructure, CPP;
    int location;
    if(Index>=MAXSIZE){printf("错误!学生信息已满,不能添加!\n");}
    else
    {   printf("执行添加学生信息操作!\n");
```

```
    printf("\n请输入学生学号:");
    scanf("%s", Num);
    location = SearchNum(Num);
    if (!found)
    {   printf("可以进行添加操作!\n");
        printf("\n请输入学生姓名:");
        scanf("%s", Name);
        printf("\n请输入学生性别:");
        scanf("%s", &Sex);
        printf("\n请输入学生出生年份:");
        scanf("%d", &Year);
        printf("\n请输入学生出生月份:");
        scanf("%d", &Month);
        printf("\n请输入学生出生日:");
        scanf("%d", &Day);
        printf("\n请输入学生英语成绩:");
        scanf("%f", &English);
        printf("\n请输入学生数据结构成绩:");
        scanf("%f", &DataStructure);
        printf("\n请输入学生C++成绩:");
        scanf("%f", &CPP);
        printf("\n");
        strcpy(stud[Index].Num, Num);
        strcpy(stud[Index].Name, Name);
        strcpy(stud[Index].Sex, Sex);
        stud[Index].Birthday.year = Year;
        stud[Index].Birthday.month = Month;
        stud[Index].Birthday.day = Day;
        stud[Index].English = English;
        stud[Index].DataStructure = DataStructure;
        stud[Index].CPlusPlus = CPP;
        stud[Index].Sum = English + DataStructure + CPP;
        stud[Index].Average = stud[Index].Sum/3;
        Index++;
        printf("插入一条学生信息操作成功!\n");
    }
    else printf("不能进行添加学生信息操作!\n");
}
```

```
}
void Save(char * FileName) /* 学生信息存盘 */
{  FILE *fp;
    int i;
    if((fp = fopen(FileName, "wb")) == NULL)
    {    printf("文件打开失败!");return;}
    for(i = 0;I <Index; i++)
    {    fwrite(&stud[i], sizeof(struct Stud), 1, fp);}
    fclose(fp);
}
void Append() /* 添加学生信息 */
{    if(! strcmp(CurFile, ""))
    {  printf("当前并未打开或新建文件,无法添加! \n");}
    else
    {  AddData(); Save(CurFile); }
    ReOrEx();
}
void ModifyData() /* 修改一条学生信息 */
{    char Num[12];
    char Name[10];
    char Sex[2];
    float English, DataStructure, CPP;
    int Year, Month, Day;
    int location;
    printf("\n 执行修改学生信息操作! \n\n");
    printf("请输入将要修改的学生的学号:");
    scanf("%s", Num);
    location = SearchNum(Num);
    if (found)
    {    printf("可以进行修改学生信息操作! \n");
         printf("\n 请输入学生姓名:");
         scanf("%s", Name);
         printf("\n 请输入学生性别:");
         scanf("%s", &Sex);
         printf("\n 请输入学生出生年份:");
         scanf("%d", &Year);
         printf("\n 请输入学生出生月份:");
         scanf("%d", &Month);
```

```
            printf("\n 请输入学生出生日:");
            scanf(" %d", &Day);
            printf("\n 请输入学生英语成绩:");
            scanf(" %f", &English);
            printf("\n 请输入学生数据结构成绩:");
            scanf(" %f", &DataStructure);
            printf("\n 请输入学生 C++ 成绩:");
            scanf(" %f", &CPP);
            printf("\n");
            strcpy(stud[location].Num, Num);
            strcpy(stud[location].Name, Name);
            strcpy(stud[location].Sex, Sex);
            stud[location].Birthday.year = Year;
            stud[location].Birthday.month = Month;
            stud[location].Birthday.day = Day;
            stud[location].English = English;
            stud[location].DataStructure = DataStructure;
            stud[location].CPlusPlus = CPP;
            stud[location].Sum = English + DataStructure + CPP;
            stud[location].Average = stud[Index].Sum/3;
            printf("执行修改学生信息操作成功! \n");
        }
        else printf("不能进行修改学生信息操作! \n");
}
void Modify() /* 修改学生信息 */
{       if(! strcmp(CurFile, ""))
        {       printf("当前并未打开或新建文件,无法修改! \n"); }
        else
        {       ModifyData(); Save(CurFile);}
        ReOrEx();
}
int DeleteData()/* 删除一条学生信息 */
{       char Num[12];
        int location,i;
        printf("\n          执行删除学生信息操作! \n\n");
        printf("警告! 学生信息一旦删除,将不可恢复。请小心使用该操作! \n\n");
        printf("请输入将要删除的学生的学号:\n");
        scanf(" %s", Num);
```

```
        location = SearchNum(Num);
        if(found)
        {    if(location! = MAXSIZE)
             {    for(i = location; i<MAXSIZE; i++)
                  {    strcpy(stud[i].Num, stud[i+1].Num);
                       strcpy(stud[i].Name, stud[i+1].Name);
                       strcpy(stud[i].Sex, stud[i+1].Sex);
                       stud[i].Birthday.year = stud[i+1].Birthday.year;
                       stud[i].Birthday.month = stud[i+1].Birthday.month;
                       stud[i].Birthday.day = stud[i+1].Birthday.day;
                       stud[i].English = stud[i+1].English;
                       stud[i].DataStructure = stud[i+1].DataStructure;
                       stud[i].CPlusPlus = stud[i+1].CPlusPlus;
                       stud[i].Sum = stud[i+1].Sum;
                       stud[i].Average = stud[i+1].Average;
                  }
             }
             Index--;
             return 1;
        }
        return 0;
}
void Delete() /*删除学生信息*/
{    if(! strcmp(CurFile, ""))
     {    printf("当前并未打开或新建文件,无法删除!\n"); }
     else
     {    if(DeleteData())
          {    Save(CurFile);
               printf("删除一条学生信息操作成功!\n");
          }
          else
          {    printf("不能进行删除操作!\n");
               printf("删除一条学生信息操作失败!\n");
          }
     }
     ReOrEx();
}
float GetOneCourseSum(int n) /*计算所有学生某一科目的总成绩*/
```

```
{     float N = 0;
      int i;
      switch(n){
      case 1://计算英语总成绩
              for(i = 0; i<Index; i++)  N += stud[i].English;
              break;
      case 2://计算数据结构总成绩
              for(i = 0; i<Index; i++)  N += stud[i].DataStructure;
              break;
      case 3://计算 C++ 总成绩
              for(i = 0; i<= Index; i++)  N += stud[i].CPlusPlus;
              break;
      }
      return N;
}
float GetOneCourseAverage(int n)/*计算所有学生某一科目的平均成绩*/
{     float temp = 0;
      temp = GetOneCourseSum(n)/Index;
      return temp;
}
void Total() /*统计某一科目总成绩*/
{     int x;
      if(! strcmp(CurFile, ""))
      {     printf("当前并未打开或新建文件,无法统计成绩! \n"); }
      else
      {     printf("\n     统计某一科目总成绩及平均成绩\n");
            printf("\n");
            printf("*****************************************
************\n");
            printf("***1. 统计《英语》课程总成绩及平均成绩***\n");
            printf("***2. 统计《数据结构》课程总成绩及平均成绩***\n");
            printf("***3. 统计《C++》课程总成绩及平均成绩***\n");
            printf("*****************************************
************\n");
            printf(" 请选择(1-3)? _");
            scanf("%d", &x);
            switch(x)
            {case 1:
```

```
            printf("\n 英语总成绩为：%5.2f\n\n", GetOneCourseSum(1));
            printf("英语平均成绩为：%5.2f\n", GetOneCourseAverage(1));
            break;
        case 2:
            printf("\n 数据结构总成绩为：%5.2f\n\n", GetOneCourseSum(2));
            printf("数据结构平均成绩为：%5.2f\n", GetOneCourseAverage(2));
            break;
        case 3:
            printf("\nC++ 总成绩为：%5.2f\n\n", GetOneCourseSum(3));
            printf("c++ 平均成绩为：%5.2f\n", GetOneCourseAverage(3));
            break;
        default:printf("选择错误！\n");
        }
    }
    ReOrEx();
}
void Bubble(int N) /*冒泡排序*/
{   Student temp;
    int change = 1;
    int i,j;
    switch(N){
    case 1: /*按英语成绩排序*/
        {   for(i = Index - 1; i>= 1 && change; -- i)
            {   change = 0;
                for(j = 0; j<i; ++ j)
                    if(stud[j].English>stud[j + 1].English)
                    {   strcpy(temp.Num, stud[j].Num);
                        strcpy(temp.Name, stud[j].Name);
                        strcpy(temp.Sex, stud[j].Sex);
                        temp.Birthday.year = stud[j].Birthday.year;
                        temp.Birthday.month = stud[j].Birthday.month;
                        temp.Birthday.day = stud[j].Birthday.day;
                        temp.English = stud[j].English;
                        temp.DataStructure = stud[j].DataStructure;
                        temp.CPlusPlus = stud[j].CPlusPlus;
                        temp.Sum = stud[j].Sum;
                        temp.Average = stud[j].Average;
                        strcpy(stud[j].Num, stud[j + 1].Num);
```

```
                    strcpy(stud[j].Name, tud[j+1].Name);
                    strcpy(stud[j].Sex, stud[j+1].Sex);
                    stud[j].Birthday.year = stud[j+1].Birthday.year;
                    stud[j].Birthday.month = stud[j+1].Birthday.month;
                    stud[j].Birthday.day = stud[j+1].Birthday.day;
                    stud[j].English = stud[j+1].English;
                    stud[j].DataStructure = stud[j+1].DataStructure;
                    stud[j].CPlusPlus = stud[j+1].CPlusPlus;
                    stud[j].Sum = stud[j+1].Sum;
                    stud[j].Average = stud[j+1].Average;
                    strcpy(stud[j+1].Num, temp.Num);
                    strcpy(stud[j+1].Name, temp.Name);
                    strcpy(stud[j+1].Sex, temp.Sex);
                    stud[j+1].Birthday.year = temp.Birthday.year;
                    stud[j+1].Birthday.month = temp.Birthday.month;
                    stud[j+1].Birthday.day = temp.Birthday.day;
                    stud[j+1].English = temp.English;
                    stud[j+1].DataStructure = temp.DataStructure;
                    stud[j+1].CPlusPlus = temp.CPlusPlus;
                    stud[j+1].Sum = temp.Sum;
                    stud[j+1].Average = temp.Average;
                    change = 1;
                }
            }
        }
        break;
    case 2: /* 按数据结构成绩排序 */
        {   for(i = Index - 1; i >= 1 && change; --i)
            {     change = 0;
                  for(j = 0; j<i; ++j)
                  if(stud[j].DataStructure>stud[j+1].DataStructure)
                  { ……/*此处省略的代码与按英语成绩排序中的代码完全一样*/ }
            }
        }
        break;
    case 3: /* 按C++成绩排序 */
        {   for(i = Index - 1; i >= 1 && change; --i)
            {     change = 0;
```

```
                for(j=0; j<i; ++j)
                if(stud[j].CPlusPlus>stud[j+1].CPlusPlus)
                { ……*/此处省略的代码与按英语成绩排序中的代码完全一样*/ }
            }
        }
        break;
    case 4: /*按总成绩排序*/
        { for(i=Index-1; i>=1 && change; --i)
            { change=0;
                for(j=0; j<i; ++j)
                if(stud[j].Sum>stud[j+1].Sum)
                { ……/*此处省略的代码与按英语成绩排序中的代码完全一样*/ }
            }
        }
        break;
    }
    printf("\n        显示所有学生成绩信息\n\n");
  printf("%--12s%--11s%--5s%--14s%--12s%--15s%--12s%--12s%--12s\n","Num","Name","Sex","Birthday","English","DataStructure","CPlusPlus","Sum","Average");
    for(i=0;i<Index;i++)
    {    printf("%--12s%--11s%--5s%4d/%2d/%2d%10.2f%15.2f%12.2f%12.2f%12.2f\n\n",stud[i].Num,stud[i].Name,stud[i].Sex,stud[i].Birthday.year,stud[i].Birthday.month,stud[i].Birthday.day,stud[i].English,stud[i].DataStructure,stud[i].CPlusPlus,stud[i].Sum,stud[i].Average);
    }
  }
  void Sort() /*按某一科目成绩升序显示学生成绩*/
  {   int x;
    if(! strcmp(CurFile,""))
    { printf("当前并未打开或新建文件,无法显示!\n"); }
    else
    {    printf("\n按某一科目成绩升序显示学生成绩\n");
         printf("\n");
         printf("*****************************************************\n");
         printf("***   1. 按英语成绩升序显示学生成绩    ***\n");
         printf("***   2. 按数据结构成绩升序显示学生成绩    ***\n");
```

```
            printf("***    3. 按C++成绩升序显示学生成绩      ***\n");
            printf("***    4. 按总成绩升序显示学生成绩      ***\n");
            printf("*****************************************************\n");
            printf("        请选择(1-4)? _");
            scanf("%d", &x);
            printf("\n");
            Bubble(x);
        }
        ReOrEx();
    }
    void Backup() /*创建备份文件,备份学生信息*/
    {   if(!strcmp(CurFile, ""))
        { printf("当前并未打开或新建文件,无法备份!\n"); }
        else
        {   FILE *fp;
            int i;
            if((fp = fopen("studentbackup.dat", "wb")) == NULL)
            {   printf("创建备份文件失败!"); return; }
            for(i = 0; i<Index; i++)
            {   fwrite(&stud[i], sizeof(struct Stud), 1, fp); }
            printf("备份学生信息成功!\n");
            fclose(fp);
        }
        ReOrEx();
    }
```

第 2 章　C++基础知识

一、简答题

【答案要点】

直接常量也称字面值常量，在程序中直接按其书写形式对待，如数字 12、字符'a'、字符串"Hello"等，而常变量是变量，系统会在静态存储区为常变量分配内存空间，如下语句定义的变量 PI 就是常变量。

```
const float PI = 3.14.159;
```

常变量在声明时必须进行初始化，可以用值对其初始化。也可以使用表达式。使用表达式时，系统会先计算出表达式的值，然后再将值赋给常变量。在程序运行的过程中，其值不能发生变化。

使用常变量的好处，主要表现在以下几个方面：

(1) 常变量更直观，常变量名可以表示一定的含义；

(2) 在后期维护过程中如果需要改变常变量的值，只要在定义该常变量的语句中修改就可以了，即使在程序中多处用到它也只需要修改这一处；

(3) 系统可以对常变量进行类型检查，这样进一步降低了程序出错的概率。

二、编程题

1.【程序参考代码】

(1) 程序 1

```
#include <iostream>          //包含头文件命令
using namespace std;         //使用名字空间 std
int main()
{   char c;
    scanf("%c",&c);
    printf("%c\n",c);
    cin>>c;
    cout<<c<<endl;
    return 0;
}
```

(2) 程序 2

```
#include <iostream>          //包含头文件命令
using namespace std;         //使用名字空间 std
```

```
int main()
{    int c;
     scanf("%c",&c);
     printf("%c\n",c);
     cin>>c;
     cout<<(char)c<<endl;
     return 0;
}
```

(3) 程序 3

```
#include <iostream>          //包含头文件命令
using namespace std;         //使用名字空间 std
int main()
{    char c;
     scanf("%c",&c);
     printf("%d\n",c);
     cin>>c;
     cout<<(int)c<<endl;
     return 0;
}
```

2. 【程序参考代码】

```
#include <iostream>          //包含头文件命令
using namespace std;         //使用名字空间 std
int main()
{    cout<<"size of int is:"<<sizeof(int)<<endl;
     cout<<"size of float is:"<<sizeof(float)<<endl;
     cout<<"size of char is:"<<sizeof(char)<<endl;
     cout<<"size of double is:"<<sizeof(double)<<endl;
     return 0;
}
```

3. 【程序参考代码】

(1) 程序 1

```
#include <iostream>          //包含头文件命令
#define n 8
using namespace std;         //使用名字空间 std
void findmaxmin(int *p)
{    int i,min,max;
     min = max = p[0];
     for(i = 1; i < n; i++)
```

```
    {  if(p[i]>max)  max = p[i];
       if(p[i]<min)  min = p[i];
    }
    cout<<"the max of all numbers is: "<<max<<endl;
    cout<<"the min of all numbers is: "<<min<<endl;
}
int main()
{   int a[n] = {3,6,1,9,4,5,2,8};
    findmaxmin(a);
    return 0;
}
```

(2) 程序 2

```
#include <iostream>          //包含头文件命令
#define n 8
using namespace std;         //使用名字空间 std
typedef int arr[n];
void findmaxmin(arr &p)
{   int i,min,max;
    min = max = p[0];
    for(i = 1; i < n; i++)
    {  if(p[i]>max)  max = p[i];
       if(p[i]<min)  min = p[i];
    }
    cout<<"the max of all numbers is: "<<max<<endl;
    cout<<"the min of all numbers is: "<<min<<endl;
}
int main()
{   int a[n] = {3,6,1,9,4,5,2,8};
    findmaxmin(a);
    return 0;
}
```

4.【程序参考代码】

```
#include <iostream>          //包含头文件命令
#include <string>
using namespace std;         //使用名字空间 std
int main()
{  string s,s1;
   char *ps, *pe, t ;
```

```
    int i,j,len;
    cout<<"Please input a string:"<<endl;
    cin>>s;
    s1 = s;
    len = s1.length();
    for(i = 0; i < len - 1; i ++ )
    {   ps = pe = &s1[i];
        for(j = i + 1; j < len; j ++ )
        {   if( *pe > s1[j])   pe = &s1[j];   }
        if(ps! = pe)
        {   t = *ps; *ps = *pe; *pe = t;   }
    }
    cout<<s1<<endl;
    return 0;
}
```

第3章　类和对象

一、简答题

1.【答案要点】

对象就是封装了数据及在这些数据之上的操作的封装体，这个封装体有一个名字标识它，而且可以向外界提供一组操作（或服务）。

类是对具有相同属性和操作的一组对象的抽象描述。

类和对象的关系：类代表了一组对象的共性和特征，是对象的抽象，即类忽略对象中具体的属性值而只保留属性。而对象是对类的实例化，即将类中的属性赋以具体的属性值得到一个具体的对象。类和对象的关系就像图纸和房屋的关系，类就像图纸，而对象就好比按照图纸建造的房屋。在C＋＋中，类是一种自定义的数据类型，而对象是“类”类型的变量。

2.【答案要点】

类中的成员有两种：数据成员和成员函数。它们的访问属性有三种：私有的（private）、受保护的（protected）、公用的（public）。访问属性为私有的成员只能被本类的成员函数访问而不能被类外访问（友元例外）。访问属性为公用的成员既可以被本类的成员函数访问，也可以在类的作用域内被其他函数访问。访问属性为受保护的成员可以被本类及本类的派生类的成员函数访问，但不能被类外访问。

3.【答案要点】

构造函数是类的一个特殊的成员函数，构造函数的作用是在创建对象时对对象的数据成员进行初始化。

析构函数是和构造函数相对的另一个类的特殊成员函数，它的作用与构造函数正好相反。析构函数的作用是在系统释放对象占用的内存之前进行一些清理工作。

当创建对象时调用构造函数，当释放对象时调用析构函数。创建对象是当程序执行到了非静态对象的定义语句或第一次执行到静态对象的定义语句。释放对象则是对象到了生命周期的最后时系统释放对象或通过 delete 运算符动态释放 new 运算符动态申请的对象。最终确定何时调用构造函数和析构函数要综合考虑对象的作用域、存储类别等因素，系统对对象这些因素的处理和普通变量是一样的。

4.【答案要点】

对象的赋值是把一个对象的数据成员的值赋给另外一个同类对象的对应数据成员，这两个对象必须是已经存在的同类对象。

对象的复制是在创建一个新对象时使用一个已有对象快速复制出完全相同的对象。

对象的赋值和对象的复制的不同点主要有：

（1）对象的赋值是在两个对象都已经创建的基础上进行的；而对象的复制则在用一个已有对象复制一个新对象时进行的。

（2）它们两个所对应调用的函数不同，对象的赋值系统调用的是赋值运算符重载函数；而对象的复制系统调用的是复制构造函数。

二、写出程序的运行结果

```
Rect (1,1) is constructed!
Rect (1,1) is constructed!
Rect (1,1) is constructed!
Destructor of Rect (1,1) is called!
Destructor of Rect (1,1) is called!
Destructor of Rect (1,1) is called!
```

三、编程题

1.【程序参考代码】

```
#include <iostream>           //包含头文件命令
using namespace std;          //使用名字空间 std
class Cube
{public:
    int GetLength(){ return length;}                        //获取长方体的长度
    int GetWidth(){ return width;}                          //获取长方体的宽度
    int GetHeight(){ return height;}                        //获取长方体的高度
    void SetLength(int length){ this->length=length; }     //修改长方体的长度
    void SetWidth(int width){ this->width=width; }          //修改长方体的宽度
    void SetHeight(int height){ this->height=height; }     //修改长方体的高度
    int GetArea(){ return 2*(length * width+length * height+width * height); }
                                                            //计算长方体的面积
    int GetVolume(){ return length * width * height; }//计算长方体的体积
private:
    int length, width, height;                              //长方体的长、宽、高
};
int main()
{   Cube cube;
    cube.SetLength(5);
    cube.SetWidth(3);
    cube.SetHeight(4);
    cout<<"The area of cube is: "<<cube.GetArea()<<endl;
    cout<<"The volume of cube is: "<<cube.GetVolume()<<endl;
```

```
    return 0;
}
```

2.【程序参考代码】

```
#include <iostream>          //包含头文件命令
using namespace std;         //使用名字空间 std
class Cube
{public:
    Cube(){ length=1; width=1; height=1; }               //默认构造函数
    Cube(int length, int width, int height): length(length), width(width), height
(height){} //普通构造函数
    int GetLength(){ return length;}                     //获取长方体的长度
    int GetWidth(){ return width;}                       //获取长方体的宽度
    int GetHeight(){ return height;}                     //获取长方体的高度
    void SetLength(int length){ this->length=length; }  //修改长方体的长度
    void SetWidth(int width){ this->width=width; }      //修改长方体的宽度
    void SetHeight(int height){ this->height=height; }  //修改长方体的高度
    int GetArea(){ return 2*(length*width+length*height+width*height); }
                                                         //计算长方体的面积
    int GetVolume(){ return length * width * height; }//计算长方体的体积
private:
    int length, width, height;                           //长方体的长、宽、高
};
int main()
{
    Cube cube1, cube2(2,1,3);
    cube1.SetLength(5);
    cube1.SetWidth(3);
    cube1.SetHeight(4);
    cout<<"The area of cube1 is: "<<cube1.GetArea()<<endl;
    cout<<"The volume of cube1 is: "<<cube1.GetVolume()<<endl;
    cout<<"The area of cube2 is: "<<cube2.GetArea()<<endl;
    cout<<"The volume of cube2 is: "<<cube2.GetVolume()<<endl;
    return 0;
}
```

3.【程序参考代码】

```
#include <iostream>          //包含头文件命令
using namespace std;         //使用名字空间 std
class Cube
```

```
{public:
    Cube(){ length=1; width=1; height=1; }           //默认构造函数
    Cube(int length, int width, int height): length(length), width(width),
height(height){} //普通构造函数
    int GetLength(){ return length;}                  //获取长方体的长度
    int GetWidth(){ return width;}                    //获取长方体的宽度
    int GetHeight(){ return height;}                  //获取长方体的高度
    void SetLength(int length){ this->length=length; } //修改长方体的长度
    void SetWidth(int width){ this->width=width; }    //修改长方体的宽度
    void SetHeight(int height){ this->height=height; } //修改长方体的高度
    int GetArea(){ return 2*(length*width+length*height+width*height); }
                                                      //计算长方体的面积
    int GetVolume(){ return length * width * height; } //计算长方体的体积
private:
    int length, width, height;//长方体的长、宽、高
};
int main()
{
    Cube *pCube;
    pCube=new Cube(4,3,2);
    cout<<"The area of cube is: "<<pCube->GetArea()<<endl;
    delete pCube;
    return 0;
}
```

4.【程序参考代码】

```
#include <iostream>          //包含头文件命令
using namespace std;          //使用名字空间 std
#include <string>
class Student
{public:
    Student(){ sno=""; name=""; score=0; }            //默认构造函数
    Student(string sno, string name, int score): sno(sno), name(name), score
(score){} //普通构造函数
    string GetSno(){ return sno; }                     //获取学生学号
    string GetName(){ return name; }                   //获取学生姓名
    int GetScore(){ return score; }                    //获取学生成绩
    void SetSno(string sno){ this->sno=sno; }          //修改学生学号
    void SetName(string name){ this->name=name; }      //修改学生姓名
```

```
    void SetScore(int score){ this->score = score; }    //修改学生成绩
    void Show()                                          //显示学生信息
    {   cout<<"Sno is: "<<sno<<endl;
        cout<<"Name is: "<<name<<endl;
        cout<<"Score is: "<<score<<endl<<endl;
    }
private:
    string sno;        //学号
    string name;       //姓名
    int score;         //成绩
};
int main()
{
    Student student[5] = {Student("1001", "ZhangSan", 75),
                          Student("1002", "LiSi", 81),
                          Student("1003", "WangWu", 90),
                          Student("1004", "ZhaoLiu", 71),
                          Student("1005", "HouQi", 88) };
    for(int i = 0; i < 5; i++)
        if(student[i].GetScore()>80)
            student[i].Show();
    return 0;
}
```

5.【程序参考代码】

```
#include <iostream>          //包含头文件命令
using namespace std;         //使用名字空间 std
#include <string>
class Student
{public:
    Student(){ sno = ""; name = ""; score = 0; }                  //默认构造函数
    Student(string sno, string name, int score): sno(sno), name(name), score
(score){} //普通构造函数
    string GetSno(){ return sno; }                                //获取学生学号
    string GetName(){ return name; }                              //获取学生姓名
    int GetScore(){ return score; }                               //获取学生成绩
    void SetSno(string sno){ this->sno = sno; }                   //修改学生学号
    void SetName(string name){ this->name = name; }               //修改学生姓名
    void SetScore(int score){ this->score = score; }              //修改学生成绩
```

```
    void Show()                                    //显示学生信息
    {    cout<<"Sno is: "<<sno<<endl;
         cout<<"Name is: "<<name<<endl;
         cout<<"Score is: "<<score<<endl<<endl;
    }
private:
    string sno;         //学号
    string name;        //姓名
    int score;          //成绩
};
int main()
{
    Student student[5] = {Student("1001", "ZhangSan", 75),
                          Student("1002", "LiSi", 81),
                          Student("1003", "WangWu", 90),
                          Student("1004", "ZhaoLiu", 71),
                          Student("1005", "HouQi", 88) };

    for(int i = 0 ; i < 5; i++)
         if(student[i].GetScore()>80)
              student[i].Show();
    return 0;
}
```

第 4 章　继承与组合

一、简答题

【解】 各成员在各类的范围内的访问权限如表 2-4-1。

表 2-4-1　题一表

类的范围	f1	i	f2	j	k	f3	m	n	f4	p
基类 A	公用	公用	保护	保护	私有					
公用派生类 B	公用	公用	保护	保护	不可访问	公用	保护	私有		
公用派生类 C	公用	公用	保护	保护	不可访问	公用	保护	不可访问	公用	私有

(1) 在 main 函数中能用 b. i 访问派生类 B 对象 b 中基类 A 的成员 i，因为它在派生类 B 中是公用数据成员。

不能用 b. j 访问派生类 B 对象 b 中基类 A 的成员 j，因为它在派生类 B 中是保护数据成员，不能被类外访问。

不能用 b. k 访问派生类 B 对象 b 中基类 A 的成员 k，因为它是基类 A 的私有数据成员，只有基类 A 的成员函数可以访问，不能被类外访问。

(2) 派生类 B 中的成员函数能调用基类 A 中的成员函数 f1 和 f2，因为 f1、f2 在派生类 B 中是公用成员和保护成员，可以被派生类的成员函数访问。

(3) 派生类 B 中的成员函数能访问基类 A 中的数据成员 i、j，因为 i、j 在派生类 B 中是公用成员和保护成员，可以被派生类的成员函数访问。

派生类 B 中的成员函数不能访问基类 A 中的数据成员 k，它在派生类 B 中是不可访问的成员。

(4) 能在 main 函数中用 c. i 访问基类 A 的成员 i，不能用 c. j，c. k 访问基类 A 的成员 j、k，因为它们在派生类 C 中是保护成员和私有成员，不能被类外访问。也不能用 c. m、c. n访问派生类 B 的成员 m、n，因为它们在派生类 C 中也是保护成员和私有成员，不能被类外访问。也不能用 c. p 访问派生类 C 中的私用成员 p。

(5) 能在 main 函数中用 c. f1()、c. f3()和 c. f4()调用 f1、f3、f4 成员函数，因为它们在派生类 C 中是公用成员函数，可以在类外被访问。不能在 main 函数中用 c. f2()调用 f2 成员函数，因为它在派生类 C 中是保护成员函数，不能在类外被访问。

(6) 派生类 C 的成员函数 f4 能调用基类 A 中的成员函数 f1、f2 和派生类中的成员函数 f3，因为 f1、f3 在派生类 C 中是公用成员函数，f2 在派生类 C 中是保护成员函数，都可以被派生类 C 的成员函数调用。

二、编程题

1.【程序参考代码】

```
#include <iostream>
#include <string>
using namespace std;
class Person                                    //声明公共基类Person
{public:
    void input() { cin>>no>>name; }             //编号和姓名的输入
    void display() { cout<<"no="<<no<<"\tname="<<name; } //编号和姓名的显示
private:
    int no;         //编号
    string name;    //姓名
};

class Teacher: public Person            //声明Teacher类为Person类的公用派生类
{public:
    void input()
    {   Person::input();                //编号和姓名的输入
        cin>>title>>depart_no;//职称和部门的输入
    }
    void display()
    {   Person::display();              //编号和姓名的显示
        cout<<"\ttitle="<<title<<"\tdepartment="<<depart_no<<endl<<endl; //职称和部门的显示
    }
private:
    string title;           //职称
    int depart_no;          //部门
};

class Student: public Person            //声明Student类为Person类的公用派生类
{public:
    void input()
    {   Person::input();                //编号和姓名的输入
        cin>>class_no>>score;//班号和成绩的输入
    }
```

```
    void display()
    {   Person::display(); //编号和姓名的显示
        cout<<"\tclass_no ="<<class_no<<"\tscore ="<<score<<
endl<<endl; //班号和成绩的显示
    }
  private:
    int class_no;       //班号
    float score;        //成绩
  };

  int main( )
  {   Teacher teacher;
      Student student;
      cout<<"Please input teacher's no,name,title and department:"<<endl;
      teacher.input();
      cout<<"Display teacher's no,name,title and department:"<<endl;
      teacher.display();
      cout<<"Please input student's no,name,class_no and score:"<<endl;
      student.input();
      cout<<"Display student's no,name,class_no and score:"<<endl;
      student.display();
      return 0;
  }
```

2.【程序参考代码】

```
  #include <iostream>
  #include <string>
  using namespace std;
  //声明公共基类 Person
  class Person                                  //声明公共基类 Person
  {public:
      void input() { cin>>no>>name; }           //编号和姓名的输入
      void display() { cout<<"no ="<<no<<"\tname ="<<name; } //编号和
姓名的显示
  private:
      int no;          //编号
      string name;     //姓名
  };
```

```
class Teacher: virtual public Person             //声明 Teacher 类为 Person 类
                                                   的公用派生类
{public:
    void input(){ cin>>title>>depart_no; }//职称和部门的输入
    void display()                               //职称和部门的显示
    {   cout<<"\ttitle="<<title<<"\tdepartment="<<depart_no<<
endl<<endl; }
private:
    string title;         //职称
    int depart_no;        //部门
};

class Student: virtual public Person             //声明 Student 类为 Person 类
                                                   的公用派生类
{public:
    void input(){ cin>>class_no>>score; } //班号和成绩的输入
    void display()                               //班号和成绩的显示
    { cout<<"\tclass_no="<<class_no<<"\tscore="<<score<<endl<<endl; }
private:
    int class_no;         //班号
    float score;          //成绩
};

class TeachAssistant: public Teacher, public Student
{public:
    void input()
    {   Person::input();         //编号和姓名的输入
        Student::input();        //班号和成绩的输入
        Teacher::input();        //职称和部门的输入
        cin>>wage;               //输入工资
    }
    void display()
    {   Person::display();       //编号和姓名的显示
        Student::display();      //班号和成绩的显示
        Teacher::display();      //职称和部门的显示
        cout<<"wage="<<wage<<endl<<endl; //显示工资
    }
private:
```

```
    float wage;              //工资
};

int main()
{   Teacher teacher;
    Student student;
    TeachAssistant teachAssistant;
    cout<<"Please input a teacher's no,name,title and department:"<<endl;
    teacher.Person::input();
    teacher.input();
    cout<<"Display the teacher's no,name,title and department:"<<endl;
    teacher.Person::display();
    teacher.display();
    cout<<endl<<endl;
    cout<<"Please input a student's no,name,class_no and score:"<<endl;
    student.Person::input();
    student.input();
    cout<<"Display the student's no,name,class_no and score:"<<endl;
    student.Person::display();
    student.display();
    cout<<endl<<endl;
    cout<<"Please input a teachAssistant's no,name,";
    cout<<"class_no,score,title,department and wage:"<<endl;
    teachAssistant.input();
    cout<<"Display the teachAssistant's no,name,class_no,";
    cout<<"score,title,department and wage:"<<endl;
    teachAssistant.display();
    return 0;
}
```

第5章　多态性与虚函数

一、简答题

1.【答案要点】

在面向对象程序设计中一般是这样表述多态性：向不同的对象发送同一个消息，不同的对象在接收时会有不同的反应，产生不同的动作。也就是说，每个对象可以用自己的方式去响应相同的消息。在C＋＋程序设计中，多态性是指用一个名字定义不同的函数，这些函数执行不同但又类似的操作，从而可以使用相同的调用方式来调用这些具有不同功能的同名函数。

C＋＋中的多态性可以分为4类：参数多态、包含多态、重载多态和强制多态。前面两种统称为通用多态，而后面两种统称为专用多态。参数多态如函数模板和类模板，包含多态通过虚函数来实现，重载多态如函数重载和运算符重载，强制多态如类型强制转换。

2.【答案要点】

如果一个类至少有一个纯虚函数，那么就称该类为抽象类。

抽象类只能作为其他类的基类来使用，为其派生类提供一个接口规范，其纯虚函数的实现由派生类给出。

3.【答案要点】

构造函数不能声明为虚构造函数。因为虚函数作为运行过程中多态的基础，主要是针对对象的，而构造函数是在对象产生之前运行的，因此虚构造函数是没有意义的。

析构函数可以是虚函数，最好把基类的析构函数声明为虚函数，这将使所有派生类的析构函数自动成为虚函数。这样，如果程序中显式地用了delete运算符准备删除一个对象，而delete运算符的操作对象用了指向派生类对象的基类指针，则系统会调用相应类的析构函数，对该派生类对象进行清理工作。

二、编程题

1.【程序参考代码】

```
#include<iostream>
#include <string>
using namespace std;
class base
{public:
    void settitle()
    {
```

```
        cout<<"书名:";
        cin>>title;
    }
    void printtitle(){ cout<<"书名:"<<title<<""; }
    virtual bool isgood() = 0;
protected:
    char title[80];
};

class Book: public base
{public:
    void setsold()
    {
        cout<<"每月销售书量:";
        cin>>numsold;
    }
    bool isgood(){ return(numsold>500)? true:false; }
private:
    int numsold;        //月销售书量
};

class Journal: public base
{public:
    void setsold()
    {   cout<<"每月销售杂志量:";
        cin>>numsold;
    }
    bool isgood(){ return(numsold>2500)? true:false; }
private:
    int numsold;        //月销售杂志量
};

int main()
{
    base *p[50];
    Book *pbook;
    Journal *pjour;
    char ch;
```

```
    int count = 0;
    do
    {   cout<<"输入书(b)或杂志(j):";
        cin>>ch;
        if(ch == 'b')
        {
            pbook = new Book;
            pbook->settitle();
            pbook->setsold();
            p[count++] = pbook;
        }
        else if(ch == 'j')
        {
            pjour = new Journal;
            pjour->settitle();
            pjour->setsold();
            p[count++] = pjour;
        }
        else
            cout<<"输入错误"<<endl;
        cout<<"继续输入吗(y/n)?";
        cin>>ch;
    }while(ch == 'y');
    for(int i = 0;i<count;i++)
    {
        p[i]->printtitle();
        if(p[i]->isgood())
            cout<<"销售良好!"<<endl;
        else
            cout<<"销售一般!"<<endl;
    }
    return 0;
}
```

2.【程序参考代码】

```
#include<iostream>
#include <string>
using namespace std;
class employee      //虚基类
```

```
{public:
    employee()
    {   cout<<"职工编号:";
        cin>>ID;
        cout<<"职工姓名:";
        cin>>name;
        salary = 0;//月薪
    }
    virtual void pay() = 0;//月薪计算函数
    virtual void show() = 0;
    protected:
    string name;     //姓名
    int ID;          //职工号
    double salary;   //月薪
};

class technician: virtual public employee
{public:
    technician(){ perhour = 20; } //每小时附加酬金
    void pay()
    {   cout<<"请输入技术人员本月工作时数:\n";
        cin>>hours;
        salary =  perhour * hours;
    }
    void show(){ cout<<"技术人员"<<name<<"(编号为"<<ID<<")"<<"
本月工资:"<<salary<<endl; }
protected:
    double hours;        //月工作时数
    double perhour;      //每小时附加酬金
};

class manager: virtual public employee
{public:
    manager(){ monthpay = 8000; }
    void pay(){ salary = monthpay; }
    void show(){ cout<<"经理"<<name<<"(编号为"<<ID<<")"<<"本月
工资:"<<salary<<endl; }
protected:
```

```
        double monthpay; //固定工资
    };

    class salesman: virtual public employee
    {public:
        salesman(){ slfactor = 0.004; } //提成比例
        void pay()
        {     cout<<"请输入销售员本月销售额:\n";
              cin>>amount;
              salary = amount * slfactor;
        }
        void show(){ cout<<"销售员"<<name<<"(编号为"<<ID<<")"<<"本
月工资:"<<salary<<endl; }
    protected:
        double amount;        //销售额
        double slfactor;      //提成比例
    };

    class salesmanager: public manager, public salesman
    {public:
        salesmanager()
        {
              slfactor = 0.005;//提成比例
              monthpay = 5000;
        }
        void pay()
        {
              cout<<name<<"请输入销售经理所管部门本月销售额:";
              cin>>amount;
              salary = monthpay + amount * slfactor;
        }
        void show()
        {
              cout<<"销售经理"<<name<<"(编号为"<<ID<<")"<<"本月工
资:"<<salary<<endl;
        }
    };
```

```
int main()
{
    employee *p = NULL;
    cout<<"经理的";
    manager mag1;
    cout<<"技术人员的";
    technician tec1;
    cout<<"销售人员的";
    salesman sal1;
    cout<<"销售经理的";
    salesmanager sam1;
    p = &mag1;
    p->pay();
    p->show();
    p = &tec1;
    p->pay();
    p->show();
    p = &sal1;
    p->pay();
    p->show();
    p = &sam1;
    p->pay();
    p->show();
    return 0;
}
```

第6章　面向对象的妥协

一、程序分析题

1. 程序运行结果：

30

【程序运行结果分析】

在main()函数中，定义两个Sample类对象s1和s2，其私有数据成员的值分别为10和20，然后调用add函数求这两个对象的私有数据成员的和，结果为30。

2. 程序运行结果：

2

【程序运行结果分析】

在main()函数中，定义B类对象b，然后调用该对象的set函数。在set函数中，定义A类对象a，并把a对象的数据成员的值设置为2并进行输出，结果为2。

二、编程题

1.【程序参考代码】

```
#include <iostream>
using namespace std; #include <string>
class Date
{public:
    Date(int y = 2008, int m = 8, int d = 8);
    Date(Date &d);
    void SetDate(int y, int m, int d);
    friend void print(Date &d);
private:
    int year,month,day;
};

Date::Date(int y,int m,int d){ year = y; month = m; day = d; }
Date::Date(Date &d){ year = d.year; month = d.month; day = d.day; }
void Date::SetDate(int y, int m, int d){year = y; month = m; day = d; }
void print(Date &d)
```

```
{
    cout<<"日期对象的具体信息为:";
    cout<<d.year<<"年"<<d.month<<"月"<<d.day<<"日"<<endl;
}

int main()
{
    Date day;
    print(day);
    Date today(2008, 6, 16);
    print(today);
    today.SetDate(2008, 8, 8);
    print(today);
    return 0;
}
```

2.【程序参考代码】

```
#include <iostream>
using namespace std;
class BBank;        //这里预先引用声明,类 BBank 在后面声明
class GBank;        //这里预先引用声明,类 GBank 在后面声明
class CBank         //声明中国银行类 CBank
{public:
    CBank(){ balance = 0; }         //构造函数
    CBank(int b){ balance = b; } //重载构造函数
    void setbalance()
    {
        cout<<"输入中国银行存款:";
        cin>>balance;
    }
    void display(){ cout<<"中国银行存款数:"<<balance<<endl; }
    friend void total(CBank, BBank, GBank);
private:
    int balance;
};

class BBank   //声明工商银行类 BBank
{public:
    BBank(){ balance = 0; }         //构造函数
```

```
    BBank(int b) { balance = b; } //重载构造函数
    void setbalance()
    {
        cout<<"输入工商银行存款:";
        cin>>balance;
    }
    void display(){ cout<<"工商银行存款数:"<<balance<<endl; }
    friend void total(CBank, BBank, GBank);
private:
    int balance;
};

class GBank  //说明农业银行类 GBank
{public:
    GBank(){ balance = 0; }        //构造函数
    GBank(int b) { balance = b; } //重载构造函数
    void setbalance()
    {
        cout<<"输入农业银行存款:";
        cin>>balance;
    }
    void display(){ cout<<"农业银行存款数:"<<balance<<endl; }
    friend void total(CBank, BBank, GBank);
private:
    int balance;
};

void total(CBank A, BBank B, GBank C)
{
    cout<<"总存款数:"<<A.balance + B.balance + C.balance<<endl;
}
int main()
{
    CBank x(100);
    BBank y;
    GBank z;
    x.display();
    y.display();
```

```
    z.display();
    x.setbalance();
    y.setbalance();
    z.setbalance();
    total(x,y,z);
    return 0;
}
```

3.【程序参考代码】

```
#include <iostream>
using namespace std;
class Score
{public:
    Score(int x)
    {
        score = x;
        sum += x;
    }
    int getscore(){ return score; }
    static int getsum(){ return sum; }
private:
    int score;       //成绩
    static int sum;  //总分
};
int Score::sum = 0;
int main()
{
    Score *p;
    int s, count = 1;
    cout<<"输入一个班的学生成绩直到输入-1为止!"<<endl;
    while(1)
    {
        cout<<"请输入第"<<count<<"个学生的分数"<<":";
        cin>>s;
        if(s == -1)
            break;
        p = new Score(s);
        delete p;
        count++;
    }
```

```
    count--;
    cout<<"总分"<<Score::getsum()<<endl;
    cout<<"平均分"<<Score::getsum()/count<<endl;
    return 0;
}
```

4.【程序参考代码】

```
#include <iostream>
using namespace std;
class Account{
public:
    Account(char *Name, char *Psw);
    Account(){ number++; }
    ~Account(){ number--; }
    int getNumber(){ return number; }
private:
    char name[10];
    char psw[6];
    static int number;  //保存对象个数
};
Account::Account(char *Name, char *Psw)
{   strcpy(name, Name);
    strcpy(psw, Psw);
    number++;
}
int Account::number=0; //将静态成员初始化为0
int main(){
    Account za("tom","123456");
    cout<<za.getNumber()<<",";
    Account a[3];
    cout<<za.getNumber()<<",";
    {
        Account x,y;
        cout<<za.getNumber()<<",";
    }
    cout<<za.getNumber()<<endl;
    return 0;
}
```

第7章　运算符重载

一、简答题

1.【答案要点】

运算符重载是指同一个运算符可以操作不同类型的操作数。通过重载，可以扩展C++运算符的功能，使它们能操作用户自定义的数据类型，增加程序代码的灵活性、可扩充性和可读性。

2.【答案要点】

可以将运算符重载函数作为类的成员函数，也可以将运算符重载函数作为类的友元函数，它与将运算符重载函数作为类的成员函数的不同在于后者本身是类中的成员函数；而它是类的友元函数，是独立于类外的一般函数。考虑到各方面的因素，一般将单目运算符重载为类的成员函数，将双目运算符重载为类的友元函数。

二、编程题

1.

(1)【程序参考代码】

```
#include <iostream>
using namespace std;
class Complex
{public:
    Complex(){ real = 0;imag = 0; }
    Complex(double r,double i){ real = r;imag = i; }
    Complex operator + (Complex &c2);
    Complex operator - (Complex &c2);
    void display();
private:
    double real;
    double imag;
};
void Complex::display(){ cout<<"("<<real<<","<<imag<<"i)"<<endl; }
Complex Complex::operator + (Complex &c2)
{   Complex c;
    c.real = real + c2.real;
```

```
    c.imag = imag + c2.imag;
    return c;
}
Complex Complex::operator - (Complex &c2)
{   Complex c;
    c.real = real - c2.real;
    c.imag = imag - c2.imag;
    return c;
}
int main()
{
    Complex c1(3,4),c2(5,-10),c3,c4;
    c1.display();
    c2.display();
    c3 = c1 + c2;
    cout<<"c3 = c1 + c2 =";
    c3.display();
    c4 = c1 - c2;
    cout<<"c4 = c1 - c2 =";
    c4.display();
    return 0;
}
```

(2)【程序参考代码】

```
#include <iostream.h>
class Complex
{public:
    Complex(){ real = 0;imag = 0; }
    Complex(double r,double i){ real = r;imag = i; }
    friend Complex operator + (Complex &c1, Complex &c2);
    friend Complex operator - (Complex &c1, Complex &c2);
    void display();
private:
    double real;
    double imag;
};
void Complex::display(){ cout<<"("<<real<<","<<imag<<"i)"<<endl; }
Complex operator + (Complex &c1, Complex &c2)
{   Complex c;
```

```
    c.real = c1.real + c2.real;
    c.imag = c1.imag + c2.imag;
    return c;
}
Complex operator - (Complex &c1, Complex &c2)
{   Complex c;
    c.real = c1.real - c2.real;
    c.imag = c1.imag - c2.imag;
    return c;
}
int main()
{
    Complex c1(3,4),c2(5,-10),c3,c4;
    c1.display();
    c2.display();
    c3 = c1 + c2;
    cout<<"c3 = c1 + c2 =";
    c3.display();
    c4 = c1 - c2;
    cout<<"c4 = c1 - c2 =";
    c4.display();
    return 0;
}
```

(3)【程序参考代码】

```
#include <iostream>
using namespace std;
class Complex
  {public:
    Complex(){ real = 0;imag = 0; }
    Complex(double r,double i){ real = r;imag = i;}
    double get_real();
    double get_imag();
    void display();
  private:
    double real;
    double imag;
  };
double Complex::get_real(){ return real; }
```

```
double Complex::get_imag(){ return imag; }
void Complex::display(){ cout<<"("<<real<<","<<imag<<"i)"<<
endl; }
Complex operator + (Complex &c1,Complex &c2)
{ return Complex(c1.get_real() + c2.get_real(),c1.get_imag() + c2.get_imag()); }
Complex operator - (Complex &c1,Complex &c2)
{ return Complex(c1.get_real() - c2.get_real(),c1.get_imag() - c2.get_imag()); }
int main()
{
    Complex c1(3,4),c2(5, - 10),c3,c4;
    c1.display();
    c2.display();
    c3 = c1 + c2;
    cout<<"c3 = c1 + c2 =";
    c3.display();
    c4 = c1 - c2;
    cout<<"c4 = c1 - c2 =";
    c4.display();
    return 0;
}
```

2.【程序参考代码】

```
#include <iostream.h>
class Matrix                                          //定义 Matrix 类
{public:
    Matrix();                                         //默认构造函数
    friend Matrix operator + (Matrix &,Matrix &);//重载运算符"+"
    void input();                                     //输入数据函数
    void display();                                   //输出数据函数
private:
    int mat[2][3];
};
Matrix::Matrix()                                      //定义构造函数
{   for(int i = 0;i<2;i++)
        for(int j = 0;j<3;j++)
            mat[i][j] = 0;
}
Matrix operator + (Matrix &a,Matrix &b)               //定义重载运算符"+"函数
{   Matrix c;
```

```
    for(int i=0;i<2;i++)
        for(int j=0;j<3;j++)
        {c.mat[i][j]=a.mat[i][j]+b.mat[i][j];}
    return c;
}
void Matrix::input()                              //定义输入数据函数
{  cout<<"input value of matrix:"<<endl;
    for(int i=0;i<2;i++)
    for(int j=0;j<3;j++)
        cin>>mat[i][j];
}
void Matrix::display() //定义输出数据函数
{   for (int i=0;i<2;i++)
    {
        for(int j=0;j<3;j++)
        {cout<<mat[i][j]<<" ";}
        cout<<endl;
    }
}
int main()
{
    Matrix a,b,c;
    a.input();
    b.input();
    cout<<endl<<"Matrix a:"<<endl;
    a.display();
    cout<<endl<<"Matrix b:"<<endl;
    b.display();
    c=a+b;                //用重载运算符"+"实现两个矩阵相加
    cout<<endl<<"Matrix c=Matrix a+Matrix b :"<<endl;
    c.display();
    return 0;
}
```

3.【程序参考代码】

```
#include <iostream.h>
class Complex
{public:
   Complex(){ real=0;imag=0; }
```

```
    Complex(double r){ real = r;imag = 0; }
    Complex(double r,double i){ real = r;imag = i; }
    friend Complex operator + (Complex c1,Complex c2);
    void display();
  private:
    double real;
    double imag;
};
Complex operator + (Complex c1,Complex c2) { return Complex(c1.real + c2.real, c1.imag + c2.imag); }
void Complex::display(){ cout<<"("<<real<<", "<<imag<<"i)"<<endl; }
int main()
{
    Complex c1(3,4),c2(5, - 10),c3,c4;
    c1.display();
    c2.display();
    c3 = c1 + 2.5;
    cout<<"c3 = c1 + 2.5 = ";
    c3.display();
    c4 = 2.5 + c2;
    cout<<"c4 = 2.5 + c2 = ";
    c4.display();
    return 0;
}
```

4. **【程序参考代码】**

```
#include <iostream>
using namespace std;
class Complex
{public:
    Complex(){real = 0;imag = 0;}
    Complex(double r){real = r;imag = 0;}
    Complex(double r,double i){real = r;imag = i;}
    operator double(){return real;}
    void display();
private:
    double real;
    double imag;
```

```
};
void Complex::display(){cout<<"("<<real<<","<<imag<<")"<<endl;}
int main()
{
    Complex c1(3,4),c2;
    c1.display();
    double d1;
    d1 = 2.5 + c1;
    cout<<"d1 = 2.5 + c1 ="<<d1<<endl;
    c2 = Complex(d1);
    cout<<"c2 =";
    c2.display();
    return 0;
}
```

第8章　模　　板

一、程序分析题

1. 程序运行结果：

3,2.6

【程序运行结果分析】

该程序用函数模板实现求一个任意类型数的绝对值。

2. 程序运行结果：

5,3.5

【程序运行结果分析】

该程序用函数模板实现求任意两个同类型数的最大值。

3. 程序运行结果：

n = b

【程序运行结果分析】

该程序用类模板实现了任意类型数据的自加运算和显示。

二、编程题

1.【程序参考代码】

```
#include <iostream>
#include <string>
using namespace std;
template <typename T>
T max(T a[], int n)
{
    T temp = a[0];
    for(int i = 1; i<n; i++)
    {
        if(temp<a[i]) temp = a[i];
    }
    return temp;
}
int main()
{
```

```
    int a[5] = {1, 9, 0, 23, -45};
    char b[5] = {'A', 'G', 'B', 'H', 'D'};
    cout<<"a 数组中的最大元素为:"<<max(a, 5)<<endl;
    cout<<"b 数组中的最大元素为:"<<max(b, 5)<<endl;
    return 0;
}
```

2.【程序参考代码】

```
#include <iostream>
#include <string>
using namespace std;
template <typename T>
class List
{protected:
    struct Node
    {
        Node * pNext;
        T * pT;
    };
    Node * pFirst;
public:
    List(){ pFirst = 0; }
    void Add(T & t)
    {
        Node * temp = new Node;
        temp->pT = &t;
        temp->pNext = pFirst;
        pFirst = temp;
    }
    void Remove(T& t)
    {
        Node * temp = 0;
        if( * (pFirst->pT) == t)
        {
            temp = pFirst;
            pFirst = pFirst->pNext;
        }
        else
        {
```

```
            for(Node * p = pFirst; p->pNext; p = p->pNext)
            if( *(p->pNext->pT) == t)
            {
                temp = p->pNext;
                p->pNext = temp->pNext;
                break;
            }
        }
        if(temp)
        {
            delete temp->pT;
            delete temp;
        }
    }
    T * Find(T& t)
    {
        for(Node * p = pFirst; p->pNext; p = p->pNext)
        {
            if( *(p->pT) == t)
                return p->pT;
        }
        return 0;
    }
    void Printlist()
    {
        for(Node * p = pFirst; p->pNext; p = p->pNext)
            cout<< *(p->pT)<<" ";
        cout<<endl;
    }
    ~List()
    {
        Node * p;
        while(p = pFirst)
        {
            pFirst = pFirst->pNext;
            delete p->pT;
            delete p;
        }
```

```
    }
};

int main()
{
    List<float> floatlist;
    for(int i = 1; i<7; i++)
        floatlist.Add( *new float(i + 0.6) );
    floatlist.Printlist();
    float b = 3.6;
    float * pa = floatlist.Find(b);
    if(pa)
        floatlist.Remove( *pa);
    floatlist.Printlist();
    return 0;
}
```

3.【程序参考代码】

```
#include <iostream>
#include <string>
#include <vector>            //为了使用 vector 容器
#include <algorithm>         //为了使用 sort 算法
#include <iterator>          //为了使用输入输出迭代器
#include <ctime>
using namespace std; #include <cstdlib>

int main(void)
{
    typedef vector<int> IntVector;
    typedef istream_iterator<int> IstreamItr;
    typedef ostream_iterator<int> OstreamItr;
    typedef back_insert_iterator< IntVector > BackInsItr;

    IntVector num; //构造空向量 num
    srand(time(0));
    int temp;
    for(int i = 0;i<10;i++)
    {
```

```
        temp = rand() % 100 + 1;
        num.push_back(temp); //在向量 v 的尾部插入元素
    }

    for(i = 0;i<10;i ++ ) cout<<num[i]<<" ";
    cout<<endl;

    //提示程序状态
    cout<<"排序中……\n";
    // STL 中的排序算法
    sort(num.begin(), num.end());
    cout<<"排序完毕的整数序列:\n";
    copy(num.begin(), num.end(), OstreamItr(cout, " "));
    cout<<endl;
    //使输出窗口暂停以观察结果
    system("pause");
    return 0;
}
```

第9章　输入/输出流

一、简答题

1.【答案要点】

流表示了信息从源到目的端的流动。C++的输入/输出流是指由若干字节组成的字节序列，这些字节中的数据按顺序从一个对象传送到另一对象。在提取操作时，字节流从输入设备（如键盘、磁盘）流向内存，在插入操作时，字节流从内存流向输出设备（如屏幕、打印机、磁盘等）。流中的内容可以是 ASCII 字符、二进制形式的数据、图形图像、数字音频视频或其他形式的信息。

2.【答案要点】

(1) 用"cout<<"输出一个字符串，如：

```
cout<<"Hello world";
```

(2) 用流成员函数 write()输出一个字符串，该函数使用格式如下：

```
cout.write(const char * str, int n);
```

其中，str 是一个字符指针或字符数组，用来存放一个字符串，n 是一个整型数，用来表示输出显示字符串中字符的个数。如果显示整个字符串，则取 strlen(str)。第一个参数也可以直接给出一个字符串常量，如：

```
cout.write("C++ program",strlen("C++ program"));
```

3.【答案要点】

(1) 用"cin>>"输入字符串。

举例：

```
string S;
cin>>S;
```

(2) 用成员函数 getline()函数输入一个字符串，该函数使用格式如下：

```
cin.getline(char * buf,int limit,char deline = '\n');
```

举例：

```
const int S = 10;
char buf[S] = "";
cout<<"Input …\n";
cin.getline(buf,S);
```

(3) 用成员函数 read()输入一个字符串。

使用成员函数 read()可以从输入流中读取指定数目的字符，并将它们存放在指定的数组中。该函数使用格式如下：

```
cin.read(char *buf,int size);
```

其中,buf 是用来存放读取来的字符的字符指针或者是字符数组,size 是一个 int 型数,用来指定从输入流中读取字符的个数。

举例:

```
const int S = 10;
char buf[S] = "";
cout<<"Input …\n";
cin.read(buf,S);
```

二、编程题

【程序参考代码】

```
#include <fstream>
#include <iostream>
#include <stdlib.h>
using namespace std;
struct person
{
    char num[4];
    char name[20];
    char sex;
    int age;
    float score;
};

int main()
{
    person stud[10] = {
        "001", "Zhangsan",' m', 18, 90,
        "002", "Lisi", 'f', 19, 80,
        "003", "Wangwu", 'f', 18, 98,
        "004", "Zhaoliu", 'm', 18, 68,
        "005", "Tianqi", 'f', 19, 77,
        "006", "Liuba", 'm', 18, 87,
        "007", "Gaojiu", 'm', 18, 86,
        "008", "Qishan", 'f', 17, 95,
        "009","Baohao",'m',18,93,
        "010","Maoyu",'m',18,88
    };
```

```
    fstream outfile("student.dat", ios::out|ios::binary);
    if(! outfile)
    {
        cerr<<"open error!"<<endl;
        abort();
    }
    for(int i = 0;i<10;i++)          //向磁盘文件输出4个学生的数据
        outfile.write((char *)&stud[i], sizeof(stud[i]));
    outfile.close();
    person stud1[10];                //用来存放从磁盘文件读入的数据
    fstream infile("student.dat", ios::in|ios::binary);
    if(! infile)
    {
        cerr<<"open error!"<<endl;
        abort();
    }
    for(i = 0;i<10;i++)
    {
        infile.seekg(i * sizeof(stud[i]), ios::beg);
        infile.read((char *)&stud1[i], sizeof(stud1[i]));
    }
    infile.close();
    cout<<endl;
    cout<<"num:"<<"\tname:"<<"\tsex:"<<"\tage:"<<"\tscore:"<<endl;
    for(i = 0;i<10;i++)
    {
        cout<<stud1[i].num<<"\t";
        cout<<stud1[i].name<<"\t";
        cout<<stud1[i].sex<<"\t";
        cout<<stud1[i].age<<"\t";
        cout<<stud1[i].score<<endl;
    }
    return 0;
}
```

第 10 章　异常处理

一、简答题

1.【答案要点】

C++处理异常的机制由 3 个部分组成：检查(try)、抛出(throw)和捕捉(catch)。把需要检查的语句放在 try 块中，throw 用来当出现异常时抛出一个异常信息，而 catch 则用来捕捉异常信息，如果捕捉到了异常信息，就处理它。try-throw-catch 构成了 C++异常处理的基本结构，形式如下：

```
try{
    ⋮
    if(表达式 1) throw 表达式 2
    ⋮
    if(表达式 3) throw 表达式 4
    ⋮
    if(表达式 n) throw 表达式 n+1
    ⋮
}
catch(异常类型声明 1)
{ 异常处理语句序列 }
catch(异常类型声明 2)
{ 异常处理语句序列 }
  ⋮
catch(异常类型声明 n)
{ 异常处理语句序列 }
```

在一个 try-catch 结构中，可以只有 try 块而无 catch 块。即在本函数中只检查而不处理，把 catch 块放在其他函数中。一个 try-catch 结构中只能有一个 try 块，但却可以有多个 catch 块，以便与不同类型的异常信息匹配。在执行 try 块中的语句时如果出现异常执行了 throw 语句，系统会根据 throw 抛出的异常信息类型按 catch 块出现的次序，依次检查每个 catch 参数表中的异常声明类型与抛掷的异常信息类型是否匹配，当匹配时，该 catch 块就捕获这个异常，执行 catch 块中的异常处理语句来处理该异常。

二、编程题

1.【程序参考代码】

```
#include <iostream>
#include <cmath>
using namespace std;
int main( )
{
    double triangle(double,double,double);
    double a,b,c;
    cin>>a>>b>>c;
    try //在 try 块中包含要检查的函数
    {
        cout<<triangle(a,b,c)<<endl;
    }
    catch(const char *s)                    //用 catch 捕捉异常信息并作相应处理
    {
        cout<<"a="<<a<<",b="<<b<<",c="<<c<<" "<<endl;
        cout<<s<<endl;
    }
    cout<<"End!"<<endl;
    return 0;
}

double triangle(double a,double b,double c)//计算三角形的面积的函数
{
    if(a>0 && b>0 &&c>0)
        if (a+b>c && b+c>a && c+a>b)
        {
            double s=(a+b+c)/2;
            return sqrt(s*(s-a)*(s-b)*(s-c));
        }
        else
            throw"It isn't a triangle!";   //当不符合三角形条件抛出异常信息
    else
        throw"It isn't a triangle!";
}
```

2.【程序参考代码】

```
#include <iostream>
using namespace std;
const int MAX=3;
class Full{};          //堆栈满时抛出的异常类
class Empty{};         //堆栈空时抛出的异常类
class Stack
{private:
    int s[MAX];
    int top;
public:
    Stack(){ top=-1; }
    void push(int a);
    int pop();
};
void Stack::push(int a)
{
    if(top>=MAX-1) throw Full();
    s[++top]=a;
}
int Stack::pop()
{
    if(top<0) throw Empty();
    return s[top--];
}

int main()
{
    Stack s;
    try{
        s.push(10);
        s.push(20);
        s.push(30);
        s.push(40);//将产生栈满异常
        cout<<"stack(0)="<<s.pop()<<endl;
        cout<<"stack(1)="<<s.pop()<<endl;
        cout<<"stack(2)="<<s.pop()<<endl;
```

```
        cout<<"stack(3) = "<<s.pop()<<endl; //将产生栈空异常
    }
    catch(Full)
    {
        cout<<"Exception: Stack Full"<<endl;
    }
    catch(Empty)
    {
        cout<<"Exception: Stack Empty"<<endl;
    }
    return 0;
}
```

第3部分 补 充 习 题

第1章　面向对象程序设计概述

一、选择题

1. C++语言是(　　)。
A. 面向对象的程序设计语言
B. 结构化程序设计语言
C. 既是面向对象的程序设计语言,又是结构化的程序设计语言
D. 非结构化的程序设计语言
2. C++语言属于(　　)。
A. 机器语言　　B. 低级语言　　C. 中级语言　　D. 高级语言
3. 下面关于对象概念的描述中,错误的是(　　)。
A. 对象就是C语言中的结构变量
B. 对象代表着正在创建的系统中的一个实体
C. 对象是一个属性和操作(或方法)的封装体
D. 对象之间的信息传递是通过消息进行的
4. 下面关于类概念的描述中,错误的是(　　)。
A. 类是抽象数据类型的实现
B. 类是具有共同行为的若干对象的统一描述体
C. 类是创建对象的样板
D. 类就是C语言中的结构体类型
5. 下列关于C++类的描述中,错误的是(　　)。
A. 类与类之间可以通过一些手段进行通信和联络
B. 类用于描述事物的属性和对事物的操作
C. 类与类之间必须是平等的关系,而不能组成层次关系
D. 类与类之间可以通过封装而具有明确的独立性
6. 面向对象程序设计思想的主要特征中不包括(　　)。
A. 封装性　　B. 多态性　　C. 继承性　　D. 功能分解,逐步求精

二、填空题

1. 构成对象的两个主要因素是______和______,其中______用于描述对象的静态特征,______用于描述对象的动态特征。

2. 类和对象的关系可表述为:类是对象的______,而对象则是类的______。

3. 封装包含两方面含义,一是用______把____________包装起来,二将对象中某些

部分________。

4. ________是指特殊类自动地拥有或隐含地复制其一般类的全部属性与操作。

5. 面向对象的软件工程包括的五个阶段为：________，________，________，________，________。

【参考答案】

一、选择题

1. C　2. D　3. A　4. D　5. C　6. D

二、填空题

1. 属性　行为　属性　行为
2. 抽象　实例
3. 对象　属性和操作这些属性的操作 对外隐藏
4. 继承
5. 面向对象分析　面向对象设计　面向对象编程　面向对象测试　面向对象维护

第 2 章　C++基础知识

一、选择题

1. 下列关于C++语言的发展说法中,错误的是(　　)。

A. C++语言起源于C语言　　B. C++语言最初被称为“带类的C”

C. 在1980年C++被命名　　D. 在1983年C++被命名

2. C++语言是以(　　)语言为基础逐渐发展演变而成的一种程序设计语言。

A. Pascal　　B. C　　C. Basic　　D. Simula67

3. 下列关于C++语言与C语言关系的描述中,错误的是(　　)。

A. C++语言是C语言的超集

B. C++语言对C语言进行了扩充

C. C++语言和C语言都是面向对象的程序设计语言

D. C++语言包含C语言的全部语法特征

4. 下列C++标点符号中,表示行注释开始的是(　　)。

A. #　　B. ;　　C. //　　D. }

5. 每个C++程序都必须有且仅有一个(　　)。

A. 预处理命令　　B. 主函数　　C. 函数　　D. 语句

6. C++语言对C语言做了很多改进,下列描述中哪一项使得C语言发生了质变,即从面向过程变成面向对象(　　)。

A. 增加了一些新的运算符　　B. 允许函数重载,并允许设置默认参数

C. 规定函数说明必须用原型　　D. 引进类和对象的概念

7. 对定义重载函数的下列要求中,错误的是(　　)。

A. 要求参数的个数不同

B. 要求参数中至少有一个类型不同

C. 要求参数个数相同时,参数类型不同

D. 要求函数的返回值不同

8. 在函数的返回值类型与返回值表达式的类型的描述中,错误的是(　　)。

A. 函数返回值的类型是在定义函数时确定,在函数调用时是不能改变的

B. 函数返回值的类型就是返回值表达式的类型

C. 函数返回值表达式类型与返回值类型不同时,函数表达式类型应转换成返回值类型

D. 函数返回值类型确定了返回值表达式的类型

9. 下列不正确的选项是(　　)。

A. C++语言是一种既支持面向过程程序设计,又支持面向对象程序设计的混合型语言

B. 标点符号是在程序中起分割内容和界定范围作用的一类单词

C. iostream 是一个标准的头文件,定义了一些输入/输出流对象

D. 类与类之间不可以进行通信和联络

10. 下列表示引用的方法中,正确的是(　　)。

已知:int k = 1000;

A. int &x=k;　　　　B. char &y;

C. int &z=1000;　　　　D. float &t=&k;

二、填空题

1. C++既可以用来进行面向________程序设计,又可以进行面向________程序设计。

2. 常量分成两种,一种是________常量,另一种是________常量。

3. ______就是某一变量的别名,对其操作与对变量直接操作完全一样。

4. 按函数在语句中的地位分类,可以有以下 3 种函数调用方式:________,________,________。

5. 函数与引用联合使用主要有两种方式:一是________;二是________。

6. 头文件由三部分内容组成:________,________,________。

三、程序阅读题

1. 分析下面程序的执行结果。

```
#include<iostream>
using namespace std;
int main()
{
    int a, b, sum;          // 定义a,b,sum三个整型变量
    a = 43;                 // 把整数常量赋给变量a
    b = 37;
    sum = a + b;            // a与b相加的和赋给变量sum
    cout<<"The sum is "<<sum;
    cout<<endl;             // endl 起回车换行的作用
    return 0;
}
```

2. 分析下面程序的执行结果。

```
#include<iostream>
using namespace std;
int main()
```

```
{
    int a;
    int &b = a;      //变量引用
    b = 10;
    cout<<"a = "<<a<<endl;
    return 0;
}
```

3. 分析下面程序的执行结果。

```
#include<iostream>
using namespace std;
int main()
{
    int n = 10;
    int * pn = &n;
    int * &rn = pn;
    ( * pn) ++ ;
    cout<<"n = "<<n<<endl;
    ( * rn) ++ ;
    cout<<"n = "<<n<<endl;
    return 0;
}
```

4. 分析下面程序的执行结果。

```
#include<iostream >
using namespace std;
void fun(int &a, int &b)
{
    int p;
    p = a; a = b; b = p;
}
void exchange(int &a, int &b, int &c)
{
    if(a<b)fun(a, b);
    if(a<c)fun(a, c);
    if(b<c)fun(b, c);
}
int main()
{
    int a,b,c;
```

```
    a = 12;
    b = 639;
    c = 78;
    exchange(a, b, c);
    cout<<"a = "<<a<<", b = "<<b<<", c = "<<c<<endl;
    return 0;
}
```

5. 分析下面程序的输出结果。

```
#include<iostream>
using namespace std;
int main()
{
    int *ir;
    int i;
    ir = &i;
    i = 17;
    cout<<"int i = "<<i<<endl;
    cout<<"int ir = "<<*ir<<endl;
    return 0;
}
```

6. 分析下面程序的输出结果。

```
#include<iostream>
using namespace std;
int fun(char *s);
int main()
{
    cout<<fun("hello")<<endl;
    return 0;
}
int fun(char *s)
{
    char *t = s;
    while(*t! = '\0')
    t++;
    return(t - s);
}
```

【参考答案】

一、选择题

1. C 2. B 3. C 4. C 5. B 6. D 7. D 8. B 9. D 10. A

二、填空题

1. 对象 过程
2. 直接 符号
3. 引用
4. 函数语句 函数表达式 函数参数
5. 函数的参数是引用 函数的返回值是引用
6. 头文件开头处的文件头注释 预处理块 函数和类结构声明

三、程序阅读题

1. The sum is 80
2. a = 10
3. n = 11
   n = 12
4. a = 639, b = 78, c = 12
5. int i = 17
   int ir = 17
6. 5

第3章　类和对象

一、选择题

1. 下面有关类的说法中,不正确的是(　　)。
A. 类是一种用户自定义的数据类型
B. 只有类中的成员函数才能存取类中的私有成员
C. 在类中,如果不做特别说明,所指的数据均为私有类型
D. 在类中,如果不做特别说明,所指的成员函数均为公有类型
2. 下面说法正确的是(　　)。
A. 类定义只能说明成员函数头,不能定义函数体
B. 类中的成员函数可以在类体中定义,也可以在类体之外定义
C. 类的成员函数在类体之外定义时必须要与类声明在同一函数中
D. 在类体之外定义的成员函数不能操作该类的私有数据成员
3. 已知类 X 中的一个成员函数说明如下:

```
Void Set(X &a);
```

其中,X &a 的含义是(　　)。
A. 指向类 X 的指针为 a
B. 将 a 的地址赋给变量 Set
C. a 是类 X 的对象引用,用来做为 Set()的形参
D. 变量 X 是 a 按位相与作为函数 Set()的参数
4. 有关类和对象的说法中,不正确的是(　　)。
A. 对象是类的一个实例
B. 一个类只能有一个对象
C. 任何一个对象只能属于一个具体的类
D. 类与对象的关系和数据类型与变量的关系相似
5. 下面对于对象概念描述中,错误的是(　　)。
A. 对象就是 C 语言中的结构体变量
B. 类中的成员函数可以在类体中定义,也可以在类体之外定义
C. 类中的成员函数在类体之外定义时必须要与类声明在同一文件中
D. 在类体之外定义的成员函数不能操作该类的私有数据成员
6. 关于常数据成员的说法中,不正确的是(　　)。
A. 常数据成员的定义形式与一般常量的定义形式相同,只不过常数据成员的定义必须出现在类体中。
B. 常数据成员必须进行初始化,并且不能被更新

C. 常数据成员通过构造函数的成员初始化列表进行初始化

D. 常数据成员可以在定义时直接初始化

7. 下列关于成员访问权限的描述中,不正确的是(　　)。

A. 公有数据成员和公有成员函数都可以被类对象直接处理

B. 类的私有数据成员只能被公有成员函数以及该类的任何友元类或友元函数访问

C. 保护成员在派生类中可以被访问,而私有成员不可以

D. 只有类或派生类的成员函数和友元类或友元函数可以访问保护成员

8. 类定义的内容允许被其他对象无限制地存取是(　　)。

A. private 部分　　B. protected 部分

C. public 部分　　D. 以上都不对

9. 下列不是构造函数的特征的是(　　)。

A. 构造函数的函数名与类名相同　　B. 构造函数可以重载

C. 构造函数可以设置默认参数　　D. 构造函数必须指定类型说明

10. 有关析构函数的说法中,不正确的是(　　)。

A. 析构函数有且仅有一个

B. 析构函数和构造函数一样可以有形参

C. 析构函数的功能是用来释放一个对象

D. 析构函数无任何函数类型

11. 下列的各类函数中,不是类的成员函数的是(　　)。

A. 构造函数　　B. 析构函数

C. 友元函数　　D. 拷贝构造函数

12. 关于对象成员的构造函数的调用顺序,说法正确的是(　　)。

A. 与它们在成员初始化列表中给出的顺序相同

B. 与析构函数的调用顺序相同

C. 与它们在类中说明顺序相同

D. 以上说法都不对

13. 下面说法中正确的是(　　)

A. 一个类只能定义一个构造函数,但可以定义多个析构函数

B. 一个类只能定义一个析构函数,但可以定义多个构造函数

C. 构造函数与析构函数同名,只要名字前加了一个求反符号(~)

D. 构造函数可以指定返回类型,而析构函数不能指定任何返回类型,即使是 void 类型也不可以

二、填空题

1. 类的________只能被该类的成员函数或友元函数访问。

2. 类的数据成员不能在定义时初始化,而应该通过________________初始化。

3. 类的成员的可访问性可分为 3 类:________、________、________。

4. 类成员默认的访问方式是____________________。

5. 类的________________可以被类作用域内的任何对象访问。

6. 声明完类之后，就可以使用类来定义对象了，这个过程称为＿＿＿＿＿＿。

7. 类中有两类成员，一类是＿＿＿＿，用来描述对象的静态属性；另一类则是＿＿＿＿，用来描述对象的动态行为。

8. 通过指针访问公有成员是使用“＿＿＿＿”运算符，通过对象访问公有成员是使用“＿＿＿＿”运算符。

9. 假定 AB 是一个类，则语句＿＿＿＿＿＿是该类复制构造函数的原形说明。

10. 析构函数在对象的＿＿＿＿＿＿＿时被自动调用，全局对象和静态对象的析构函数在＿＿＿＿时调用。

三、程序阅读题

1. 写出程序的运行结果。

```
#include<iostream >
using namespace std;
class MyClass{
  public:
    int number;
    void set(int i);
    };
int number = 3;
void MyClass::set(int i)
{
    number = i;
}
int main()
{
    MyClass my1;
    int number = 10;
    my1.set(5);
    cout<<my1.number<<endl;
    my1.set(number);
    cout<<my1.number<<endl;
    my1.set(::number);
    cout<<my1.number;
    return 0;
}
```

2. 写出程序的运行结果。

```
#include<iostream.h>
class Sample
{
```

```
    int x;
    public:
    Sample(){};
    Sample(int a){x = a;}
    Sample(Sample &a){x = a.x + 1;}
    void disp(){cout<<"x = "<<x<<endl;}
};
int main()
{
    Sample s1(2), s2(s1);
    s2.disp();
    return 0;
}
```

3. 写出程序的运行结果。

```
#include<iostream.h>
class Sample
{
    int x, y;
    public:
    Sample(){x = y = 0;}
    Sample(int i,int j){x = i; y = j;}
    void copy(Sample &s);
    void setxy(int i,int j){x = i; y = j;}
    void print(){cout<<"x = "<<x<<", y = "<<y<<endl;}
};
void Sample::copy(Sample &s)
{
    x = s.x; y = s.y;
}
void func(Sample s1, Sample &s2)
{
    s1.setxy(10, 20);
    s2.setxy(30, 40);
}
int main()
{
    Sample p(1,2), q;
    q.copy(p);
    func(p, q);
```

```
    p.print();
    q.print();
    return 0;
}
```

4. 写出程序的运行结果。

```
#include<iostream.h>
class Sample
{
    public:
    int x;
    int y;
    void disp()
    {
    cout<<"x="<<x<<", y="<<y<<endl;
    }
};

int main()
{
    int Sample::*pc;
    Sample s;
    pc=&Sample::x;
    s.*pc=10;
    pc=&Sample::y;
    s.*pc=20;
    s.disp();
    return 0;
}
```

5. 写出程序的执行结果。

```
#include<iostream.h>
class Sample
{
    int A;
    static int B;
public:
    Sample(int a){A=a, B+=a;}
    static void func(Sample s);
};
void Sample::func(Sample s)
```

```
{
    cout<<"A="<<s.A<<", B="<<B<<endl;
}
int Sample::B=0;
int main()
{
    Sample s1(2), s2(5);
    Sample::func(s1);
    Sample::func(s2);
    return 0;
}
```

【参考答案】

一、选择题

1. D 2. B 3. C 4. B 5. D 6. D 7. B 8. C 9. D 10. B 11. C 12. C 13. B

二、填空题

1. 私有成员
2. 类的构造函数
3. public private protected
4. private
5. 公用成员
6. 实例化
7. 数据成员 成员函数
8. -> .
9. AB(const AB &)
10. 生命周期结束 main 函数执行完毕或调用 exit 函数结束时

三、程序阅读题

1. 5
   10
2. x=3
3. x=1, y=2
   x=20, y=40
4. x=10, y=20
5. A=2, B=7
   A=5, B=7

第4章　继承与组合

一、选择题

1. 下面对派生类的描述中，错误的是（　　）。

A. 一个派生类可以作为另一个派生类的基类

B. 派生类至少有一个基类

C. 派生类的成员除了它自己的成员外，还包含了它的基类的成员

D. 派生类中继承的基类成员的访问权限到派生类中保持不变

2. 在多继承中，公用继承和私有继承对于基类成员在派生类中的可访问性与单继承的规则是（　　）。

A. 完全相同　　　　B. 完全不同

C. 部分相同，部分不同　　　　D. 以上都不对

3. 下面叙述不正确的是（　　）。

A. 派生类一般都是公用派生

B. 对基类成员的访问必须是无二义性的

C. 赋值兼容规则也适用于多重继承的场合

D. 基类的公用成员在派生类中仍然是公用的

4. 下面叙述不正确的是（　　）。

A. 基类的保护成员在派生类中仍然是保护的

B. 基类的保护成员在公用派生类中仍然是保护的

C. 基类的保护成员在私有派生类中仍然是私有的

D. 对基类成员的访问必须是无二义性的

5. 当保护继承时，基类的（　　）在派生类中成为保护成员，不能通过派生类的对象来直接访问。

A. 任何成员　　　　B. 公用成员和保护成员

C. 公用成员和私有成员　　　　D. 私有成员

6. 若派生类的成员函数不能直接访问基类中继承来的某个成员，则该成员一定是基类中的（　　）。

A. 任何成员　　　　B. 公用成员

C. 保护成员　　　　D. 私有成员

7. 设置虚基类的目的是（　　）。

A. 简化程序　　　　B. 消除二义性

C. 提高运行效率　　　　D. 减少目标代码

8. 继承具有(　　),即当基类本身也是某一个类的派生类时,底层的派生类也会自动继承间接基类的成员。

A. 规律性　　B. 传递性　　C. 重复性　　D. 多样性

9. 在公用继承情况下,有关派生类对象和基类对象的关系,不正确的叙述是(　　)。

A. 派生类的对象可以赋给基类的对象

B. 派生类的对象可以初始化基类的引用

C. 派生类的对象可以直接访问基类中的成员

D. 派生类的对象的地址可以赋给指向基类的指针

10. 有如下类定义:

```
class MyBASE
{public:
   void set(int n) { k = n ;}
   int get()const{ return k ;}
protected:
   int k;
} ;
class MyDERIVDE: protected MyBASE{
public:
   void set(int m int n) { MyBASE::set(m); j = n;}
   int get()const{ return MyBASE::get() + j;}
protected:
   int j ;
};
```

则类 MyDERIVDE 中保护的数据成员和成员函数的个数是(　　)。

A. 4　　B. 3　　C. 2　　D. 1

11. 有如下程序:

```
#include <iostream>
using namespace std;
class A {
pubilc:
      A( ) { cout<<"A" ; }
};
class B {
public :
      B( ) { cout<<"B" ; }
};
class C : public A {
public :
```

```
    C( ) { cout<<"C"; }
private:
    B b ;
};
int main ( ) {
    C obj ;
    return 0 ;
}
```

执行后的输出结果是(　　)。

A. CBA　　B. BAC　　C. ACB　　D. ABC

12. 有如下程序:

```
#include <iostream>
using namespace std;
class BASE{
public:
    ~BASE( ) { cout<<"BASE" ;}
};
class DERIVED : public BASE {
 public :
    ~ DERIVED( ) { cout<<"DERIVED" ; }
};
int main ( ) {
    DERIVED X;
    return 0 ;
}
```

执行后的输出结果是(　　)。

A. BASE　　B. DERIVED

C. BASE DERIVED　　D. DERIVEDBASE

13. 有如下程序:

```
#include <iostream>
using namespace std;
class Base {
public:
    void fun ( ){ cont<<"Base::fun"<<endl ;}
};
class Derived : public Base {
public:
  void fun( )
```

```
{ ____________________
    cout<<"Derived::fun"<<endl ;}
void main ( ) {
    Derived d ;
    d.fun ( ) ;
}
```

已知其执行后的输出结果为：

```
Base::fun
Derived::fun
```

则程序中下画线处应添入的语句是(　　)。

A. Base.fun()；　B. Base::fun()；　C. Base－>fun() D. fun()；

二、填空题

1. 在C＋＋中，三种继承方式的说明符号为________、________、________，如果不加说明，则默认的继承方式为__________。

2. 当公用继承时，基类的公用成员成为派生类的________；保护成员成为派生类的__________；私有成员成为派生类的________。

3. 当保护继承时，基类的公用成员成为派生类的________；保护成员成为派生类的__________；私有成员成为派生类的________。

4. 当私有继承时，基类的公用成员成为派生类的________；保护成员成为派生类的__________；私有成员成为派生类的________。

5. 多继承时，多个基类中同名成员在派生类中由于标识符不唯一而出现________。

【参考答案】

一、选择题

1. D　2. A　3. D　4. A　5. B　6. D　7. B　8. B　9. C　10. C
11. D　12. C　13. B

二、填空题

1. public　private　protected　private
2. 公用成员　保护成员　不可访问成员
3. 保护成员　保护成员　不可访问成员
4. 私有成员　私有成员　不可访问成员
5. 二义性

第5章　多态性与虚函数

一、选择题

1. 向不同的对象发送统一消息可导致完全不同的行为的现象称为(　　)。

A. 多态性　　B. 抽象　　C. 继承　　D. 封装

2. 多态调用是指(　　)。

A. 以任何方式调用一个虚函数

B. 以任何方式调用一个纯虚函数

C. 借助于指向对象的基类指针或引用调用一个虚函数

D. 借助于指向对象的基类指针或引用调用一个纯虚函数

3. 下面关于抽象类说法不正确的是(　　)。

A. 抽象类是指具有纯虚函数的类

B. 一个声明有纯虚函数的基类一定是抽象类

C. 可以用抽象类定义对象

D. 抽象类中可以进行构造函数的重载

4. 在C++中,用于实现运行时多态性的是(　　)。

A. 内联函数　　B. 重载函数　　C. 模板函数　　D. 虚函数

5. 关于纯虚函数,下列表述正确的是(　　)。

A. 纯虚函数是未给出实现版本(即无函数体定义)的虚函数

B. 纯虚函数的声明总是以"=0"结束

C. 派生类必须实现基类的纯虚函数

D. 含有纯虚函数的类一定是派生类

6. 关于虚函数,下列表述正确的是(　　)。

A. 如果在重定义虚函数时使用 virtual,则该重定义函数仍然是虚函数

B. 虚函数不得声明为静态函数

C. 虚函数不得声明为另一个类的友元函数

D. 派生类必须重新定义基类的虚函数

7. 关于纯虚函数和抽象类的描述中,错误的是(　　)。

A. 纯虚函数是一种特殊的虚函数,它没有具体的定义

B. 抽象类是指具有纯虚函数的类

C. 抽象类只能作为基类来使用,其纯虚函数的定义由派生类给出

D. 一个基类中说明有纯虚函数,该基类的派生类只有实现了基类的所有纯虚函数,才可以用派生类来定义对象。

8. 下列描述中，是抽象类的特征的是(　　)。

A. 可以说明虚函数　　B. 可以进行构造函数的重载

C. 可以定义友元函数　　D. 不能定义其对象

9. 抽象类应该有(　　)。

A. 至少一个虚函数　　B. 至多一个虚函数

C. 至多一个纯虚函数　　D. 至少一个纯虚函数

10. 关于虚函数的说法正确的是(　　)。

A. 基类的虚函数可为派生类继承，继承下来仍为虚函数

B. 虚函数重定义时必须保正其返回值和参数个数及类型与基类中的一致

C. 虚函数必须是一个类的成员函数，不能是友元，也不能是静态函数，但可以作为其他类的友元

D. 析构函数和构造函数都可是虚函数，都可被继承

二、填空题

1. C++中的多态性可以分为4类：________、________、________和________。前面两种统称为________，而后面两种统称为________。

2. 向上类型转换是指______________________________。

3. 多态从实现的角度来讲，可以划分为两类：____________和____________。

4. 虚函数的声明方法是在函数原型前加上关键字________________。

5. 如果一个类包含一个或多个纯虚函数，则该类为________________。

【参考答案】

一、选择题

1. A　2. C　3. C　4. D　5. B　6. B　7. A　8. D　9. D　10. C

二、填空题

1. 参数多态　包含多态　重载多态　强制多态　通用多态　专用多态

2. 把一个派生类的对象作为一个基类的对象来使用

3. 静态多态性　动态多态性

4. virtual

5. 抽象类

第 6 章　面向对象的妥协

一、选择题

1. 下面关于友元的描述中，错误的是(　　)。

A. 友元函数可以访问该类的私有数据成员。

B. 一个类的友元类中的成员函数都是这个类的友元函数。

C. 友元可以提高程序的运行效率。

D. 类与类之间的友元关系可以继承。

2. 友元访问类的对象的成员时使用(　　)

A. 类的成员名　　　　B. this 指针指向成员名

C. "类名::成员名"的形式　　　　D. "对象名.成员名"的形式

3. 已知类 A 是类 B 的友元，类 B 是类 C 的友元，则(　　)。

A. 类 A 一定是类 C 的友元

B. 类 C 一定是类 A 的友元

C. 类 C 的成员函数可以访问类 B 的对象的任何成员

D. 类 A 的成员函数可以访问类 B 的对象的任何成员

4. 下面对静态数据成员的描述中，正确的是(　　)。

A. 静态数据成员是类的所有对象共享的数据

B. 类的每个对象都有自己的静态数据成员

C. 类的不同对象有不同的静态数据成员值

D. 静态数据成员不能通过类的对象调用

二、填空题

1. 友元可以访问与其有好友关系的类中的________。友元包括________和________。

2. 声明友元的关键字是____________。

3. 类的静态成员包括____________和____________。

4. 静态数据成员是在________时被分配空间的，到________时才释放空间。

【参考答案】

一、选择题

1. D 2. D 3. D 4. A

二、填空题

1. 任何成员 友元函数 友元类
2. friend
3. 静态数据成员 静态成员函数
4. 程序编译 程序结束

第7章 运算符重载

一、选择题

1. 下列运算符中，哪个运算符在C++中不能重载(　　)。

A. &&　　B. []　　C. ::　　D. new

2. 下列关于运算符重载的描述中，正确的是(　　)。

A. 运算符重载可以改变操作数的个数

B. 运算符重载可以改变优先级

C. 运算符重载可以改变结合性

D. 运算符重载不可以改变语法结构

3. 在表达式"x+y*z"中，+是作为成员函数重载的运算符，* 是作为非成员函数重载的运算符。下列叙述中正确的是(　　)。

A. operator+有两个参数，operator*有两个参数

B. operator+有两个参数，operator*有一个参数

C. operator+有一个参数，operator*有两个参数

D. operator+有一个参数，operator*有一个参数

4. 在下列成对的表达式中，运算符"+"的意义不相同的一对是(　　)。

A. 5.0+2.0和5.0+2　　B. 5.0+2.0和5+2.0

C. 5.0+2.0和5+2　　D. 5+2.0和5.0+2.

5. 下列关于运算符的重载叙述中，正确的是(　　)。

A. 通过运算符重载，可以定义新的运算符

B. 有的运算符只能作为成员函数重载

C. 若重载运算符+，则相应的运算符函数名是+

D. 重载一个二元运算符时，必须声明两个形参

6. 如果表达式"++i*k"中的"++"和"*"都是重载的友元运算符，若采用运算符函数调用格式，则表达式还可以表示为(　　)。

A. operator*(i.operator++(),k)　B. operator*(operator++(i),k)

C. i.operator++().operator*(k)　D. k.operator*(operator++(i))

7. 已知在一个类体中包含如下函数原型：VOLUME operator-(VOLUME)const;，下面关于这个函数叙述错误的是(　　)。

A. 这是运算符-的重载运算符函数

B. 这个函数所重载的运算符是一个一元运算符

C. 这是一个成员函数

D. 这个函数不改变类的任何数据成员的值

8. 下列关于运算符的重载说法不正确的是(　　)。

A. 它可以是成员函数　　B. 它可以是友元函数

C. 它既不是成员函数也不是友元函数　　D. 它只能是成员函数

二、填空题

1. 运算符的重载是对________的运算符赋予多重含义,导致不同行为,定义重载运算符函数的关键字是________。

2. 要在类的对象上使用运算符,除了运算符________和________外,都须被重载。

3. C++中不能被重载的运算符有____________、____________、____________、____________、____________。

4. 重载不改变运算符的________、________、________。

5. 对双目运算符,被重载为成员函数时,有________参数,被重载为友元函数时,有________参数。

【参考答案】

一、选择题

1. C　2. D　3. C　4. C　5. C　6. B　7. B　8. D

二、填空题

1. C++已用的　operator

2. =　&

3. .　.*　::　?:　sizeof

4. 操作数的个数　结合性　优先级

5. 1　2

第8章 模　　板

一、选择题

1. 关于模板函数与函数模板的说法正确的是(　　)。

A. 其实质是一样的,只是说法不同　B. 两者的形参类型是一样的

C. 模板函数是模板的实例化　D. 函数模板是模板函数的实例化

2. 模板的使用实际上是将类模板实例化成一个(　　)。

A. 函数　B. 对象　C. 类　D. 抽象类

3. 类模板的模板参数(　　)。

A. 只可作为数据成员的类型　B. 只可作为成员函数的返回类型

C. 只可作为成员函数的参数类型　D. 以上三者均可

4. 模板的参数(　　)。

A. 可以有多个　B. 不能是基本数据类型

C. 可以是0个　D. 参数不能给初值

5. template<class T,int size=5>

class apple{…};

定义模板类 apple 的成员函数的正确格式为(　　)。

A. T apple<t,size>::Push(T object)

B. T apple::Push(T object)

C. template<class T,int size=5>

T apple<T,size>::Push(T object)

D. template<class T,int size=5>

T apple::Push(T object)

6. 下列说法正确的是(　　)。

A. 函数模板的友元函数必须是模板

B. 模板函数可以同名的另一个模板函数重载

C. 形式参数的名字可以在模板函数的形式参数表中出现一次,同一项参数名只能用于一个模板函数

D. 关键字 class 定义函数模板类型参数,实际上表示任何用户自定义类型

二、填空题

1. 函数模板使设计与________无关的通用算法的良好机制,它可以用作一种________数据类型通用算法。

2. 通过关键字________可以声明模板,通过关键字________指定函数模板的类型参数,有几个类型参数就有几个关键字,它实际表示________。

3. 模板形参表表示将被________的模板参数,模板参数之间用________分隔,它有待于________。

4. 将函数模板中的参数实例化后,函数模板变成________。

5. 对函数模板的实例化可以有两种显示方式:显示方式和隐式方式,其中的隐式方式是编译程序根据________自动实例化模板。

6. 模板定义的形式参数可用来指定传递给函数的________、________、________。

【参考答案】

一、选择题

1. C 2. C 3. D 4. A 5. C 6. D

二、填空题

1. 具体数据类型 抽象
2. template class 或 typename 任何标准数据类型或用户自定义数据类型
3. 替换 逗号 实例化
4. 模板函数
5. 实参的类型
6. 参数类型 函数返回类型 声明函数中的变量

第9章　输入/输出流

一、选择题

1. 在程序中要进行文件的输出，除了包含 iostream 头文件外，还要包含头文件(　　)。

A. ifsteam　　B. fstream　　C. ostream　　D. cstdio

2. 执行下列语句：

```
char *str;
cin>>str;
cout<<str;
```

若输入abcd 1234↙则输出(　　)。

A. abcd　　B. abcd　1234　　C. 1234　　D. 输出乱码或出错

3. 执行下列语句：

```
char a[200];
cin.getline(a,200,' ');
cout<<a;
```

若输入abcd 1234↙则输出(　　)。

A. abcd　　B. abcd 1234　　C. 1234　　D. 输出乱码或出错

4. 定义 char * p="abcd"，能输出 p 的值("abcd"的地址)的为(　　)。

A. cout<<&p;　　B. cout<<p;

C. cout(char *)p;　　D. cout<<const_cast<void *>(p)

5. 定义 int a;int * pa=&a;下列输出式中，结果不是 pa 的值(a 的地址)的为(　　)。

A. cout<<pa;　　B. cout<< (char *)pa;

C. cout<< (void *)pa;　　D. cout<< (int *)pa;

6. 下列输出字符方式错误的是(　　)。

A. cout<<put('A');　　B. cout<<'A';

C. cout.put('A');　　D. char C = 'A';cout<<C;

7. 当使用 fstream 定义一个文件流对象，并将一个打开的文件与之连接，文件默认的打开方式为(　　)。

A. ios::in　　B. ios::out

C. ios::in|ios::binary　　D. ios::out|ios::binary

8. 当使用 ifstream 定义一个文件流，并将一个打开的文件与之连接，文件默认的打开方式为(　　)。

A. ios::in　　B. ios::out

C. ios::in|ios::binary　　　　D. ios::out|ios::binary

9. 对于函数 put()的说法不正确的是(　　)。

A. 其参数可以是字符常量　　　　B. 其参数可以是字符变量

C. 它的功能是输出字符并换行　　　D. 将字符送入输出流

10. 关于函数 write()说法错误的是(　　)。

A. 它可以把字符串送到输出流

B. 它有两个参数,一个是字符串常量或字符串变量,一个是标示要输出的字符的个数的整型变量

C. 它的两个参数的顺序不可颠倒

D. 它不能输出二进制流

二、填空题

1. 标准输入流对象为________,与________连用,用于输入;________为标准输出流对象,与________连用,用于输出。

2. 头文件 iostream 中定义了 4 个标准流对象________,________,________,________。

3. ostream 类定义了 3 个输出流对象,即________,________,________。

4. 成员函数 put()提供了一种将________的方法。其使用格式为:________。

5. 文件输入是指从文件向________读入数据;文件输出是指从________向文件输出数据。

【参考答案】

一、选择题

1. B　2. A　3. A　4. B　5. C　6. A　7. B　8. A　9. C　10. D

二、填空题

1. cin　>>　cout　<<

2. cin　cout　cerr　clog

3. cout　cerr　clog

4. 单个字符送进输出流　cout. put(字符常量或字符变量或字符 ASCII 值或整型表达式)

5. 内存　内存

第10章 异常处理

一、选择题

1. 下列关于异常的说法错误的是(　　)。

A. 编译错属于异常,可以抛出

B. 运行错属于异常

C. 硬件故障也可以当异常抛出

D. 只要编程者认为是异常的都可以当异常抛出

2. 下面描述错误的是(　　)。

A. throw 语句须书写在 try 语句块中

B. throw 语句必须在 try 语句块中直接运行或通过调用函数运行

C. 一个程序中可以有 try 语句没有 throw 语句

D. throw 语句抛出的异常可以不被逮捕

3. 关于函数声明 float fun(int a,int b)thow(),下列叙述正确的是(　　)。

A. 表明函数抛出 float 类型异常　　B. 表明函数抛出任何类型异常

C. 表明函数不抛出任何类型异常　　D. 表明函数实际抛出的异常

4. 下列叙述错误的是(　　)。

A. catch(…)语句可以捕获所有类型的异常

B. 一个 try 语句可以有多个 catch 语句

C. catch(…)语句可以放在 catch 语句组的中间

D. 程序中 try 语句与 catch 语句是一个整体,缺一不可

5. 用来抛弃异常的语句块是(　　)。

A. catch 语句块　　B. try 语句块

C. throw 语句块　　D. abort 语句块

6. 程序当中没有与被抛弃的数据类型相匹配的 catch 语句块时,则系统调用的函数是(　　)。

A. throw　　B. abort　　C. try　　D. catch

二、填空题

1. 程序中有两种错误:________和________,后者又分为________和________。

2. 异常处理机制是对所________________________的一系列处理。

3. C++处理异常的机制是由 3 个部分组成的,即________、________和________。

4. 由异常类建立的对象称为________________。

5. 异常处理的目的是________________________________。

【参考答案】

一、选择题

1. A 2. C 3. C 4. C 5. C 6. B

二、填空题

1. 语法错误 运行错误 逻辑错误 运行异常
2. 对程序运行时出现的差错以及其他例外情况
3. 检查(try) 抛出(throw) 捕捉(catch)。
4. 异常对象
5. 在异常发生时,尽可能地减少破坏,妥善处理,而不去影响其他部分程序的运行

第4部分 自 测 题

自测题 1

（时间 100 分钟）

一、选择题(每小题 2 分,共 40 分)

1. 下列描述中,不属于面向对象思想主要特征的是(　　)。

A. 封装性　　B. 多态性　　C. 继承性　　D. 跨平台

2. 若定义:string str; 当语句 cin>>str; 执行时,从键盘输入:

Microsoft Visual Studio 6.0!

所得的结果是 str=(　　)。

A. Microsoft Visual Studio 6.0!　　B. Microsoft

C. Microsoft Visual　　D. Microsoft Visual Studio 6.0

3. 考虑下面的函数原型声明:void test (int a,int b=7,char z='*');

下面函数调用中,不合法的是(　　)。

A. test (5);　　B. test (5,8);　　C. test (5,'#'); D. test (0,0,'*');

4. 已知函数 fun 的原型为

int fun(int, int, int);

下列重载函数原型中错误的是(　　)。

A. char fun(int, int);　　B. double fun(int, int, double);

C. int fun(int, char *);　　D. float fun(int, int, int);

5. 下列表示引用的方法中,(　　)是正确的。

已知:int a=1000;

A. int &x=a;　　B. char &y;　　C. int &z=1000; D. float &t=&a;

6. 在一个函数中,要求通过函数来实现一种不太复杂的功能,并且要求加快执行速度,选用(　　)。

A. 内联函数　　B. 重载函数　　C. 递归调用　　D. 嵌套调用

7. 下列有关 C++类的说法中,不正确的是(　　)。

A. 类是一种用户自定义的数据类型

B. 只有类中的成员函数或类的友元函数才能存取类中的私有成员

C. 在类中,如果不做特别说明,所有成员的访问权限均为私有的

D. 在类中,如果不做特别说明,所有成员的访问权限均为公用的

8. Sample 是一个类,执行下面语句后,调用 Sample 类的构造函数的次数是( )。

Sample a[2], *P = new Sample;

A. 0　　B. 1　　C. 2　　D. 3

9. 下面说法中，正确的是(　　)。

A. 一个类只能定义一个构造函数，但可以定义多个析构函数

B. 一个类只能定义一个析构函数，但可以定义多个构造函数

C. 构造函数与析构函数同名，只要名字前加了一个求反符号(~)

D. 构造函数可以指定返回类型，而析构函数不能指定任何返回类型，即使是 void 类型也不可以

10. 已知：print( )函数是一个类的常成员函数，它无返回值，下列表示中，(　　)是正确的。

A. const void print( );　　B. void print( ) const;

C. void const print( );　　D. void print(const);

11. 通过派生类的对象可直接访问其(　　)

A. 公用继承基类的公用成员　　B. 公用继承基类的私有成员

C. 私有继承基类的公用成员　　D. 私有继承基类的私有成员

12. 下列关于虚基类的描述中，错误的是(　　)。

A. 使用虚基类可以消除由多继承产生的二义性

B. 构造派生类对象时，虚基类的构造函数只被调用一次

C. 声明“class B : virtual public A”说明类 B 为虚基类

D. 建立派生类对象时，首先调用虚基类的构造函数

13. 下面(　　)的叙述不符合赋值兼容规则。

A. 派生类的对象可以赋值给基类的对象

B. 基类的对象可以赋值给派生类的对象

C. 派生类的对象可以初始化基类的对象

D. 派生类的对象的地址可以赋值给指向基类的指针

14. 建立一个含有成员对象的派生类对象时，各构造函数的执行次序为(　　)。

A. 派生类 成员对象类 基类　　B. 成员对象类 基类 派生类

C. 基类 成员对象类 派生类　　D. 基类 派生类 成员对象类

15. 关于虚函数的描述中，(　　)是正确的。

A. 虚函数是一个 static 类型的成员函数

B. 虚函数是一个非成员函数

C. 基类中说明了虚函数后，派生类中与其对应的函数可不必说明为虚函数

D. 派生类的虚函数与基类的虚函数具有不同的参数个数和类型

16. 下面关于友元的描述中，错误的是(　　)。

A. 友元函数可以访问该类的私有数据成员

B. 一个类的友元类中的成员函数都是这个类的友元函数

C. 友元可以提高程序的运行效率

D. 类与类之间的友元关系可以继承

17. 有如下类定义：

```
class Point{
```

```
private:
      static int how_many;
}
________ how_many = 0;
```

要初始化 Point 类的静态成员 how_many，下划线处应填入的内容是(　　)。

A. int　　B. static int　　C. int Point::　　D. static int Point::

18. 已知表达式++i 中的“++”是作为成员函数重载的运算符，则与++i 等效的运算符函数调用形式为(　　)。

A. i. operator++()　　B. operator++(i)

C. operator++(i,1)　　D. i. operator++(1)

19. 有如下模板声明：

```
template < typename T1, typename T2> class A;
```

下列声明中，与上述声明不等价的是(　　)。

A. template <class T1, class T2> class A;

B. template <typename T1, T2> class A;

C. template <typename T1, class T2> class A;

D. template <class T1, typename T2> class A;

20. 下列的各类函数中，(　　)不是类的成员函数

A. 构造函数　　B. 析构函数　　C. 友元函数　　D. 复制构造函数

二、填空题(前 14 个空，每空 1 分，后 3 个空，每空 2 分，共 20 分)

1. 类和对象的关系可表述为：类是对象的________，而对象则是类的________。

2. C++中的函数参数传递方式有 3 种，它们是：值传递，地址传递和________。

3. 静态成员函数没有隐含的________，所以在 C++程序中，静态成员函数主要用来访问静态数据成员，而不访问非静态成员。

4. 在图 4-1-1 中，A、B、C、D、E、F 均是类，其中属于单继承的派生类有________，属于多继承的派生类有________，类 F 的基类有________，类 A 的派生类有________。

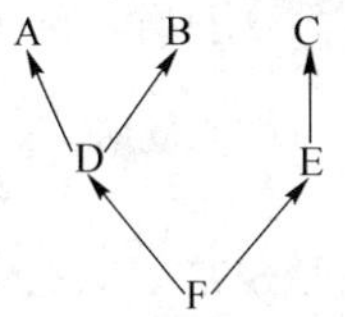

图 4-1-1　类的继承层次图 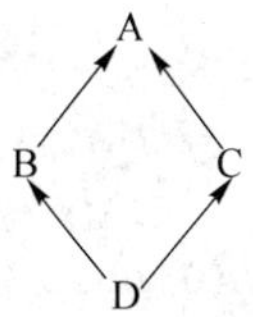　　　图 4-1-2　多重继承

5. 在图 4-1-2 所示的继承层次结构中，如果只想在公共派生类 D 中保留公共基类 A 的成员，就必须使用关键字 virtual 把这个公共基类 A 声明为____________。

6. 如果一个类包含一个或多个纯虚函数，则该类称为____________。

7. 从实现的角度来讲，多态性可以划分为两类：________和________。

8. 列出 C++中的两种代码复用方式：________和________。

9. 假定A是一个类名,则该类的复制构造函数的原型声明语句为:________。

10. 若要把 void fun()定义为类A的友元函数,则应在类A的定义中加入语句________。

11. 后置自减运算符"--"重载为类的成员函数(设类名为A)的形式为:________。

三、阅读下面3个程序,写出程序运行时输出的结果(共15分)

1. 程序1

```
#include<iostream >
using namespace std;
void fun(int &a, int &b)
{    int p;
     p = a; a = b; b = p;
}
void exchange(int &a, int &b, int &c)
{    if( a<b ) fun(a, b);
     if( a<c ) fun(a, c);
     if( b<c ) fun(b, c);
}
int main()
{    int a = 11,b = 88,c = 66;
     exchange(a, b, c);
     cout<<"a ="<<a<<",b ="<<b<<",c ="<<c<<endl;
     return 0;
}
```

2. 程序2

```
#include <iostream>
using namespace std;
class A
{public:
     A(){cout<<"A::A() called.\n";}
     virtual ~A(){cout<<"A::~A() called.\n";}
};
class B: public A
{public:
     B(int i)
     {  cout<<"B::B() called.\n";
        buf = new char[i];
     }
```

```
    virtual ~B()
    {     delete []buf;
          cout<<"B::~B() called.\n";
    }
private:
    char *buf;
};
int main()
{   A *a=new B(15);
    delete a;
    return 0;
}
```

3. 程序 3

```
#include <iostream>
using namespace std;
class Toy {
public:
    Toy(){ strcpy(name, ""); count++;}
    Toy(char* _n){ strcpy(name, _n); count++;}
    ~Toy() { count--;}
    char* GetName(){ return name; }
    static int getCount(){ return count; }
private:
    char name[10];
    static int count;
};
int Toy::count=0;
int main(){
    Toy t1,t2("Snoopy");
    cout<<t2.getCount()<<endl;
    cout<<t2. GetName()<<endl;
    {
       Toy t3, t4("Mickey");
       cout<<t4.getCount()<<endl;
       cout<<t4. GetName()<<endl;
    }
    cout<<Toy::getCount()<<endl;
    return 0;
```

}

四、编程题(25分)

1. (8分)在下面的C++源程序文件main.cpp中,定义了一个用于表示日期的类Date,但类Date的定义并不完整,请按要求完成下列操作,将类Date的定义补充完整。

(1) 定义私有数据成员year,month和day分别用于表示年、月、日,它们都是int型的数据。请在①处添加适当的语句。

(2) 完成默认构造函数Date的定义,使Date对象的默认值为:year=1、month=1、day=1,请在②处添加适当的语句。

(3) 完成重载构造函数Date(int y, int m, int d)的定义,把数据成员year,month和day分别初始化为参数y,m,d的值,请在③处添加适当的语句。

(4) 完成成员函数print的类外定义,使其以"年-月-日"的格式将Date对象的值输出到屏幕上.请在注释请在④处添加适当的语句。

C++源程序文件main.cpp清单如下:

```
//main.cpp
#include <iostream>
using namespace std;
class Date{
public:
    _____②_____
    Date(int y, int m, int d)
    {
    _____③_____

    void print() const;
private:
    // date members
    _____①_____
};
void Date::print() const
{
    _____④_____
}
int main()
{   Date national_day(1949, 10, 1);
    national_day.print();
    return 0;
}
```

2. (9 分)下列 Shape 类是一个表示形状的抽象类,area( )为求图形面积的函数,total( )则是一个用以求不同形状的图形面积总和的普通函数。

```
class Shape
{public:
    virtual double area() = 0;
};
double total(Shape *s[ ], int n)
{   double sum = 0.0;
    for(int i = 0; i<n; i++)  sum += s[i]->area( );
    return sum;
}
```

要求:(1) 从 Shape 类派生圆类(Circle),圆类新增数据成员半径(radius),圆类的成员函数根据题目需要自定。

(2) 写出 main()函数,计算半径分别为 1.1、2.2、3.3 的 3 个圆面积之和(必须通过调用 total 函数计算)。

3. (8 分)设计一个函数模板,实现从 int、double、char、string 类型的数组中找出最大值。要求写出完整的 C++源程序。

【参考答案】

一、选择题(每小题 2 分,共 40 分)

1~5. D B C D A　　6~10. A D D B B

11~15. A C B C C　　16~20. D C A B C

二、填空题(前 14 个空,每空 1 分,后 3 个空,每空 2 分,共 20 分)

1. 抽象　实例　　2. 引用传递　　3. this 指针

4. E　D、F　A、B、C、D、E　D、F　　5. 虚基类　　6. 抽象类

7. 静态多态性　动态多态性　　8. 继承　组合或模板

9. A(const A&);　　10. friend void fun(A&);　　11. A operator--(int);

三、阅读程序(共 15 分)

1. a=88,b=66,c=11

2. A::A() called.

   B::B() called.

   B::~B() called.

   A::~A() called.

3. 2

```
Snoopy
4
Mickey
2
```

四、编程题(共25分)

1. (8分)

```
#include <iostream>
using namespace std;
class Date{
public:
     ②
    Date(int y, int m, int d)
    {
        ③
    }
    void print() const;
private:
    // date members
     ①
};
void Date::print() const
{
     ④
}
int main()
{   Date national_day(1949, 10, 1);
    national_day.print();
    return 0;
}
```


2. (9分)

```
class Circle: public Shape
{public:
    Circle(double r){ radius = r; }
void set()
{
    cout<<"Please input the value of the circle:"radius <<endl;
    cin>>radius;
```

```
    }
        void show(){ cout<<"the radius of the circle:"<<radius<<endl; }
        double area() { return 3.14159 * radius * radius; }
    private:
        double radius;
    };

    int main()
    {
        Circle C1(1.1), C2(2.2), C3(3.3);
        Shape * s[] = {&C1, &C2, &C3};
        cout<<"total = "<<total(s, 3)<<endl;
        return 0;
    }
```

3. (8分)

```
#include <iostream>
#include <string>
using namespace std;
template <typename T, int size>
T max(T a[]){
    T temp = a[0];
    for(int i = 1; i<size; i++)
        if(temp<a[i]) temp = a[i];
    return temp;
}
int main(){
    int a[5] = {1,9,0,23, - 45};
    double b[5] = {5.5,9.9,2.2,3.3, - 1.1};
    char c[5] = {'A', 'G', 'B', 'H', 'D'};
    string str[5] = {"A", "G", "B", "H", "D"};
    cout<<"a 数组中的最大元素为:"<<max<int,5>(a)<<endl;
    cout<<"b 数组中的最大元素为:"<<max<double,5>(b)<<endl;
    cout<<"b 数组中的最大元素为:"<<max<char,5>(c)<<endl;
    cout<<"str 数组中的最大元素为:"<<max(str,5)<<endl;
    return 0;
}
```

自测题 2

（时间 100 分钟）

一、简答题（共 44 分）

1.（9 分）与传统的面向过程程序设计相比，面向对象程序设计有哪些优点？

2.（8 分）简述基类对象和其公共派生类对象之间的赋值兼容关系。

3.（8 分）为什么析构函数通常要声明为虚函数？

4.（9 分）写出你最熟悉的一个类的默认构造函数、复制构造函数、转换构造函数。

5.（10 分）请比较函数重载和虚函数在概念和使用方式方面有什么区别？

二、编程题（共 56 分）

1.（10 分）设计一个类 Score 用于统计一个班的学生成绩，其中使用一个静态数据成员 sum 存储总分和一个静态成员函数 GetSum ()返回该总分，类 Score 的其他成员根据自己的需要自定。

要求：只需写出类 Score 的完整代码就可以了，不需要写包含头文件语句和 main()函数。

2.（12 分）编程实现两个数比较大小。分别考虑 int、double、char、string4 种类型的数据。要求：分别用重载函数和函数模板实现。只写重载函数和函数模板代码就可以了。

3.（16 分）设计一个人民币类，其数据成员有 fen（分）、jiao（角）、yuan（元）。重载这个类的加法、自加运算符，并重载流插入、流提取运算符，使之能用于人民币的输出、输入。（注意：不需要写 main()函数。）

4.（18 分）已知一个抽象基类 person，其结构如下：

```
class person
{ public:
        virtual void info() = 0;
}
```

要求：在 person 类的基础上派生一个 student 类和一个 teacher 类，并实现虚函数 info()，它打印出学生和教师的个人信息。其中，学生的个人信息包括学号、姓名、年龄、性别和系别；教师的个人信息包括工号、姓名、年龄、性别和职称。另外，实现全局函数 print (person *)，它接受一个 person 类型的指针作为参数，调用 person 的 info()函数，打印出 person 的个人信息。实例化 student 和 teacher 对象，对象的个人信息在定义对象时给定，用 print()函数打印出他们的个人信息。

【参考答案】

一、简答题(共 44 分)

1. (9 分)【答案要点】

(1) 从认识论的角度看,面向对象程序设计改变了软件开发的方式。软件开发人员能够利用人类认识事物所采用的一般思维方式来进行软件开发。

(2) 面向对象程序中的数据的安全性高。外界只能通过对象提供的对外接口操作对象中的数据,这可以有效保护数据的安全。

(3) 面向对象程序设计有助于软件的维护与复用。某类对象数据结构的改变只会引起该类对象操作代码的改变,只要其对外提供的接口不发生变化,程序的其余部分就不需要做任何改动。面向对象程序设计中类的继承机制有效解决了代码复用的问题。人们可以像使用集成电路(IC)构造计算机硬件那样,比较方便地重用对象类,来构造软件系统。

2. (8 分)【答案要点】

基类对象和其公共派生类对象之间的赋值兼容关系包括:

(1) 派生类的对象可以赋值给基类的对象,这时是把派生类对象中从对应基类中继承来的成员赋值给基类对象。反过来不行,因为派生类的新成员无值可赋。

(2) 可以将一个派生类的对象的地址赋给其基类的指针变量,但只能通过这个指针访问派生类中由基类继承来的成员,不能访问派生类中的新成员。同样也不能反过来做。

(3) 派生类对象可以初始化基类的引用。引用是别名,但这个别名只能包含派生类对象中的由基类继承来的成员。

3. (8 分)【答案要点】

我们总是要求将类设计成通用的,无论其他程序员怎样调用都必须保证不出错。针对在基类及其派生类中都有动态分配内存的情况,就需要把析构函数定义为虚函数,实现撤消对象时的多态性。因为根据基类对象和其公共派生类对象之间的赋值兼容关系,我们可以用基类的指针指向派生类对象,如果由该指针撤销派生类对象,则需要将析构函数声明为虚函数,才能实现多态性,让系统自动调用派生类的析构函数,所以析构函数通常要声明为虚函数。

4. (9 分)【答案要点】

```
class Complex{
public:
    Complex (float r = 0, float i = 0) { real = r; imag = i; }
    Complex (const Complex &c) { real = c.real; imag = c.imag; }
     ⋮
private:
    int real,imag;
};
```

5.（10分）【答案要点】

（1）函数重载可以用于普通函数（非成员函数）和成员函数，而虚函数只能用于类的成员函数；

（2）函数重载可以用于构造函数，而虚函数不能用于构造函数；

（3）如果对成员函数进行重载，则重载的函数与被重载的函数应当都是同一个类的成员函数，不能分属于两个不同继承层次的类。虚函数是对同一类族中基类和派生类的同名函数的处理，即允许在派生类中对基类的成员函数重新定义。

（4）重载的函数必须具有相同的函数名，但函数参数个数和参数类型二者中至少有一样不同。而虚函数则要求在同一族中的所有虚函数不仅函数名相同，而且要求函数类型、函数参数个数和参数类型都全部相同。

（5）重载的函数是在程序编译阶段确定操作对象的，属静态关联。虚函数是在程序运行阶段确定操作的对象的，属动态关联。

二、编程题（共56分）

1.（10分）

```
class Score
{public:
    Score(int = 0,int = 0);
    void total();
    void GetSum();
private:
    int no;
    float score;
    static float sum;
};
Score::Score(int no, int s){ this->no = no; score = s; }
void Student::total(){ sum += score;}
float Student::GetSum(){ return sum;}
float Student::sum = 0;
int Student::count = 0;
```

2.（12分）

用重载函数实现

```
int compare(int x, int y){
    if(x>y) return 1;
    else if(x == y) return 0;
    else return -1;
}
int compare(double x, double y){
```

```
    if(x>y) return 1;
    else if(x==y) return 0;
    else return -1;
}
int compare(char x, char y){
    if(x>y) return 1;
    else if(x==y) return 0;
    else return -1;
}
int compare(string x, string y){
    if(x>y) return 1;
    else if(x==y) return 0;
    else return -1;
}
```

用函数模板实现

```
#include <string>
Template <class T>
int compare(T x, T y){
    if(x>y) return 1;
    else if(x==y) return 0;
    else return -1;
}
```

3.（16分）

```
class RMB
{public:
    RMB(){yuan=jiao=fen=0;}
    RMB(int yuan, int jiao, int fen): yuan(yuan), jiao(jiao), fen(fen){}
    friend RMB operator+ ( RMB &r1, RMB &r2);
    RMB operator++(int);
    friend ostream& operator<<(ostream& out, RMB &r);
    friend istream& operator>>(istream& in, RMB &r);
private:
    int yuan, jiao,fen;
};
RMB operator+(RMB &r1, RMB &r2)
{
    RMB sum;
    sum.fen=r1.fen+r2.fen;
```

```
    sum.jiao = r1.jiao + r2.jiao + sum.fen/10;
    sum.fen % = 10;
    sum.yuan = r1.yuan + r2.yuan + sum.jiao/10;
    sum.jiao % = 10;
    return sum;
}
RMB RMB::operator ++ (int)
{
    RMB temp( * this);
    fen ++ ;
    if(fen == 10){ fen = 0; jiao ++ ; }
    if (jiao == 10) { jiao = 0; yuan ++ ; }
    return temp;
}
ostream& operator<<(ostream& out, RMB &r)
{
    out<<r.yuan<<" 元,"<<r.jiao<<" 角,"<<r.fen<<" 分";
    return out;
}
istream& operator>>(istream& in, RMB &r)
{
    cout<<"Please input how much money!"<<endl;
    in>>r.yuan>>r.jiao>>r.fen;
    return in;
}
```

4. (18 分)

```
#include <iostream>
using namespace std;
#include <string>
class person
{ public:
    virtual void info() = 0;
};
class student: public person{
public:
    student(string num, string n, char s, string d)
    { number = num; name = n; sex = s; department = d; }
    virtual void info(){
```

```
        cout<<"该学生具体信息为:"<<endl;
        cout<<"number = "<<number<<endl;
        cout<<"name = "<<name<<endl;
        cout<<"sex = "<<sex<<endl;
        cout<<"department = "<<department<<endl;
    }
private:
    string number;
    string name;
    char sex;
    string department;
};
class teacher: public person{
public:
    teacher(string num,string n,char s,string t)
    { number = num; name = n; sex = s; title = t; }
    virtual void info(){
        cout<<"该教师具体信息为:"<<endl;
        cout<<"number = "<<number<<endl;
        cout<<"name = "<<name<<endl;
        cout<<"sex = "<<sex<<endl;
        cout<<"title = "<<title<<endl;
    }
private:
    string number;
    string name;
    char sex;
    string title;
};
void info(person *p){ p->info(); }
int main(){
    student stud("20050205111", "Jhon", 'f', "计算机系");
    info(&stud);
    cout<<endl;
    teacher teacher1("20050205111", "Jhon", 'f', "讲师");
    info(&teacher1);
    return 0;
}
```

附录　C++程序编码风格

1. 常规

程序编码风格即程序代码书写的风格。程序的编码风格怎么强调都不过分。一个具有良好风格的程序，不但可以有效地减少程序中的错误，提高工作效率，而且有助于相互之间的交流，有利于相互之间的学习。具有良好风格的程序更易读、更易于维护。

整体上看，C++的文件结构要规范，文件结构中主要注意文件头注释、头文件、实现文件及文件组织结构等方面。

文件头注释：在C++源文件的开头一般包含一段规范的文件头注释，这段注释主要包含版权信息、文件名称、功能概述、当前版本号，作者/修改者、完成日期和版本历史信息等内容。标准的文件头注释格式如下：

```
/*! @file
********************************************************
＜pre＞
Copyright (c)2011,＜开发单位＞
All rights reserved
模块名          :＜文件所属的模块名称＞
文件名          :＜文件名＞
相关文件        :＜与此文件相关的其他文件＞
文件实现功能    :＜描述该文件实现的主要功能＞

版本            :＜当前版本号＞
作者            :＜作者部门和姓名＞
完成日期        :2011年9月30日

取代版本        :＜取代版本号＞
原作者          :＜作者部门和姓名＞
完成日期        :2009年9月30日
----------------------------------------------------------
备注 :＜其他说明＞
----------------------------------------------------------
修改记录 :
  日  期         版本     修改人                  修改内容
  YYYY/MM/DD     X.Y      ＜作者或修改者名＞      ＜修改内容＞
```

</pre>
****
*/

头文件:用于保存程序的声明,头文件的作用主要有两个:其一,通过头文件来调用库功能。在很多场合,源代码不便(或不准)向用户公布,只要向用户提供头文件和二进制的库即可。用户只需要按照头文件中的接口声明来调用库功能,而不必关心接口怎么实现的。编译器会从库中提取相应的代码。其二,头文件能加强类型安全检查。如果某个接口被实现或被使用时,其方式与头文件中的声明不一致,编译器就会指出错误,这一简单的规则能大大减轻程序员调试、改错的负担。

头文件由3部分内容组成:

(1) 头文件开头处的文件头注释。

(2) 预处理块。

(3) 函数和类结构声明等。

写头文件时要注意:

(1) 为了防止头文件被重复引用,应当用ifndef/define/endif结构产生预处理块。

(2) 用#include <filename.h> 格式来引用标准库的头文件(编译器将从标准库目录开始搜索)。

(3) 用#include "filename.h" 格式来引用非标准库的头文件(编译器将从用户的工作目录开始搜索)。

(4) 头文件中只存放“声明”而不存放“定义”。在C++ 语法中,类的成员函数可以在声明的同时被定义,并且自动成为内联函数。这虽然会带来书写上的方便,但却造成了风格不一致,弊大于利。建议将成员函数的定义与声明分开,不论该函数体有多么小。

(5) 不提倡使用全局变量,尽量不要在头文件中出现类似extern int value之类的声明。

【例1】 规范的头文件结构

```
================================================================
// 版权和版本声明,此处省略。
#ifndef GRAPHICS_H            // 防止graphics.h被重复引用
#define GRAPHICS_H
#include <math.h>             // 引用标准库的头文件
⋮
#include "myheader.h"         // 引用非标准库的头文件
⋮
void Function1(…);            // 全局函数声明
⋮
class Box                     // 类结构声明
{
  ⋮
```

```
};
#endif
```

==

实现文件:包含所有数据和代码的实现体。实现文件有3部分内容:

(1) 实现文件开头处的文件头注释。

(2) 对一些头文件的引用。

(3) 程序的实现体(包括数据和代码)。

【例2】 规范的实现文件的结构

```
// 版权和版本声明,此处省略。
#include "graphics.h"        // 引用头文件
 ⋮
// 全局函数的实现体
void Function1(…)
{
  ⋮
}
// 类成员函数的实现体
void Box::Draw(…)
{
  ⋮
}
```

文件组织结构:在文件的组织结构方面,由于项目性质、规模上存在着差异,不同项目间的文件组织形式差别很大。但文件、目录组织的基本原则应当是一致的:使外部接口与内部实现尽量分离;尽可能清晰地表达软件的层次结构等。

为此提供两组典型项目的文件组织结构范例作为参考。

【例3】 功能模块/库的文件组织形式

显而易见,编写功能模块和库的主要目的是为其他模块提供一套完成特定功能的API,这类项目的文件组织结构通常如图4-2-1所示:

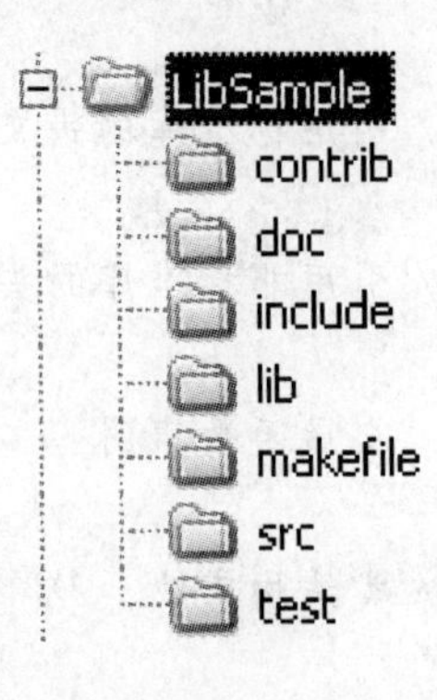

图4-2-1 例3图

其中：

contrib——当前项目所依赖的所有第三方软件，可以按类别分设子目录。

doc——项目文档

include——声明外部接口的所有头文件和内联定义文件。

lib——编译好的二进制库文件，可以按编译器、平台分设子目录。

makefile——用于编译项目的 makefile 文件和 project 文件等。可以按编译器、平台分设子目录。

src——所有实现文件和声明内部接口的头文件、内联定义文件。可按功能划分；支持编译器、平台等类别分设子目录。

test——存放测试用代码的目录。

【例 4】 应用程序的文件组织形式

与功能模块不同，应用程序是一个交付给最终用户使用的、可以独立运行并提供完整功能的软件产品，它通常不提供编程接口，应用程序的典型文件组织形式如图 4-2-2 所示：

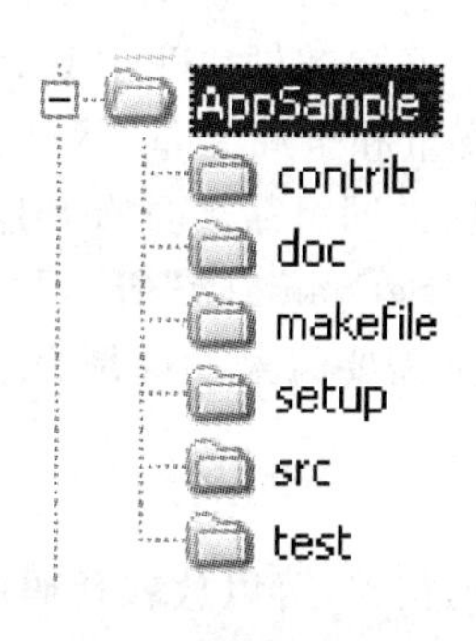

图 4-2-2 例 4 图

其中：

contrib——当前项目所依赖的所有第三方软件，可以按类别分设子目录。

doc——项目文档。

makefile——用于编译项目的 makefile 文件和 project 文件等。可以按编译器、平台分设子目录。

setup——安装程序，以及制作安装程序所需要的项目文件和脚本。

src——所有源文件。可按功能划分，支持编译器、平台等类别分设子目录。

test——存放测试用代码的目录。

2. 文件名

可以从以下 4 个方面注意文件名的命名规范：

(1) 文件名的长度。文件名应该能够代表该文件的功能和主要的作用，因此太短的两三个字符是无法表达的。原来的 DOS 操作系统只支持 8 个字符的文件，文件名长于 8 个字符则忽略前 8 字符后面的字符。但是目前该操作系统使用的很少，而且 8 个字符通常也的确不够用来表达各种各样的情况。而文件名太长在使用起来一是输入不太方便，二是增加了输入出错的机会。并且有的操作系统也忽略过长的文件名后面的部分。综合以上的各种情况，文件名的长度一般在不大于 30 个字符的情况下，尽可能地说明文件的作用和用途为宜。

(2) 文件名的后缀。C++中的文件主要有两种,一种是头文件,主要用来保存程序的声明;另一种就是实现文件,主要是程序声明的实现部分。头文件的文件名后缀一般是“.h”,实现文件的后缀一般是“.cpp”。

(3) 文件名的选择。在稍微大型的系统中,一个文件不能太大,如果太大说明该功能可以分成几个部分,用多个文件来实现,这样有利于阅读程序。一般来说,一个源文件中只包含一个类的定义,文件名最好和类名匹配,如某文件实现 Hello 类的定义,则该文件的名字最好为 hello.cpp。

(4) 文件名的大小写。在 Windows 操作系统中对文件名是不分大小写的,所以在起名字的时候一般都用小写字母。

3. 标识符名

标识符采用英文单词或其组合,应当直观且可以拼读,可望文知意,用词应当准确。在编写一个子模块或派生类的时候,要遵循其基类或整体模块的命名风格,保持命名风格在整个模块中的统一性。在保持一个标识符意思明确的同时,应当尽量缩短其长度。不要出现仅靠大小写区分的相似的标识符,例如“i”与“I”,“function”与“Function”等。程序中不要出现名字完全相同的局部变量和全局变量,尽管两者的作用域不同而不会发生语法错误,但容易使人误解。正确的反义词组命名具有互斥意义的标识符,如:“nMinValue”和“nMaxValue”,“GetName()”和“SetName()”等。尽量避免名字中出现数字编号,如 Value1,Value2 等,除非逻辑上的确需要编号。这是为了防止程序员偷懒,不肯为命名动脑筋而导致产生无意义的名字。

4. 注释

注释的位置应与被描述的代码相邻,可以放在代码的上方或右方,不可放在下方。

边写代码边注释,修改代码同时修改相应的注释,以保证注释与代码的一致性。不再有用的注释要删除。

注释应当准确、易懂,防止注释有二义性。错误的注释不但无益反而有害。

当代码比较长,特别是有多重嵌套时,应当在一些段落的结束处加注释,便于阅读。

5. 括号与缩排

程序的分界符“{”和“}”应独占一行并且位于同一列,同时与引用它们的语句左对齐。

“{ }”之内的代码块在“{”右边一个制表符(4 个半空格符)处左对齐。如果出现嵌套的“{ }”,则使用缩进对齐。

如果一条语句会对其后的多条语句产生影响的话,应该只对该语句做半缩进(2 个半角空格符),以突出该语句。

一行代码只做一件事情,如只定义一个变量,或只写一条语句。这样的代码容易阅读,并且便于写注释。

“if”、“for”、“while”、“do”、“try”、“catch”等语句自占一行,执行语句不得紧跟其后。不论执行语句有多少都要加“{ }”。这样可以防止书写失误。

空行起着分隔程序段落的作用。空行得体(不过多也不过少)将使程序的布局更加清晰。空行不会浪费内存,虽然打印含有空行的程序是会多消耗一些纸张,但是值得。所以不要舍不得用空行。在每个类声明之后、每个函数定义结束之后都要加 2 行空行。在一个函数体内,逻揖上密切相关的语句之间不加空行,其他地方应加空行分隔。

代码行最大长度宜控制在 70 至 80 个字符以内。代码行不要过长,否则眼睛看不过来,也不便于打印。

长表达式要在低优先级操作符处拆分成新行,操作符放在新行之首(以便突出操作符)。拆分出的新行要进行适当的缩进,使排版整齐,语句可读。

例如:

```
if ((very_long_variable1> = very_long_variable2)
    && (very_long_variable3 <= very_long_variable4)
    || (very_long_variable5 <= very_long_variable6))
{
    dofunction();
}
```

6. 空格的使用

关键字之后要留空格。像“const”、“virtual”、“inline”、“case”等关键字之后至少要留一个空格,否则无法辨析关键字。像“if”、“for”、“while”、“catch”等关键字之后应留一个空格再跟左括号“(”,以突出关键字。

函数名之后不要留空格,紧跟左括号 “(” ,以与关键字区别。

“(” 向后紧跟。而 “)”、“,”、“;”向前紧跟,紧跟处不留空格。

“,”之后要留空格,如 Function(x, y, z)。如果“;”不是一行的结束符号,其后要留空格,如 for (initialization; condition; update)。

赋值操作符、比较操作符、算术操作符、逻辑操作符、位域操作符,如“=”、“+=”、“>=”、“<=”、“+”、“*”、“%”、“&&”、“||”、“<<”,“^”等二元操作符的前后应当加空格。

一元操作符如“!”、“~”、“++”、“--”、“&”(地址运算符)等前后不加空格。

像“[]”、“.”、“->”这类操作符前后不加空格。

对于表达式比较长的 for、do、while、switch 语句和 if 语句,为了紧凑起见可以适当地去掉一些空格,如 for (i=0; i<10; i++)和 if ((a<=b) && (c<=d))。

【例 5】 空格使用的举例

```
=====================================================================
    void Func1(int x, int y, int z);          // 良好的风格
    void Func1 (int x,int y,int z);           // 不良的风格
=====================================================================
    if (year> = 2000)                         // 良好的风格
    if(year> = 2000)                          // 不良的风格
    if ((a> = b) && (c< = d))                 // 良好的风格
    if(a> = b&&c< = d)                        // 不良的风格
=====================================================================
    for (i = 0; i<10; i++)                    // 良好的风格
    for(i = 0;i<10;i++)                       // 不良的风格
```

```
for (i = 0; i< 10; i++)          // 过多的空格
============================================================
x = a < b ? a : b;               // 良好的风格
x = a<b? a:b;                    // 不良的风格
============================================================
int* x = &y;                     // 良好的风格
   int * x = & y;                // 不良的风格
============================================================
array[5] = 0;                    // 不要写成 array [ 5 ] = 0;
a.Function();                    // 不要写成 a . Function();
b->Function();                   // 不要写成 b -> Function();
```

7. 头文件包含顺序

假设某个头文件包含顺序如下：

```
#include <iostream>
#include "myclass.h"
```

编译器的分析过程：先分析<iostream>，这个没有错误，OK 继续分析；分析"myclass.h"，发现编译错误，终止分析并报错。

如果把上述顺序调换，变为：

```
#include "myclass.h"
#include <iostream>
```

那么编译器先分析"myclass.h"，发现编译错误，终止分析并报错。

明显可以看出第二种方式能够令分析速度加快。

把最容易出错的头文件(也就是最特殊的头文件)首先#include，这有点像短路求值(if (0 && 1))，一旦出错，后面就不必再分析。

当然如果所有文件都没有错误，那么两种方式的分析速度会一样快。

综合来看，我们应该以这样的方式来#include 头文件。

从最特殊到最一般，也就是：

- #include"本类头文件"
- #include"本目录头文件"
- #include"自己写的工具头文件"
- #include"第三方头文件"
- #include"平台相关头文件"
- #include"C++库头文件"
- #include"C 库头文件"

预编译头文件：防止同一组头文件在多个 CPP 文件中被重复分析。

头文件守卫：防止同一头文件在单个 CPP 文件中被重复分析。

头文件包含顺序有最特殊到最一般：使用短路编译以加快编译出错的过程。

参 考 文 献

[1] 邵兰洁,等.C++程序设计[M].北京:北京邮电大学出版社,2009.

[2] 谭浩强.C++面向对象程序设计题解与上机指导[M].北京:清华大学出版社,2006.

[3] 杜茂康,等.C++面向对象程序设计[M].北京:电子工业出版社,2007.

[4] 郭有强,等.C++面向对象程序设计[M].北京:清华大学出版社,2009.

[5] 皮德常.C++程序设计教程[M].北京:机械工业出版社,2010.